高标准农田建设技术指南

——国家标准《高标准农田建设 通则》 (GB/T 30600—2022) 解读

农业农村部农田建设管理司 编著
农业农村部工程建设服务中心

中国农业出版社

北 京

图书在版编目（CIP）数据

高标准农田建设技术指南：国家标准《高标准农田
建设　通则》（GB/T30600—2022）解读 / 农业农村部农
田建设管理司，农业农村部工程建设服务中心编著. —
北京：中国农业出版社，2022.9（2023.3 重印）
　ISBN 978-7-109-29762-3

　Ⅰ.①高…　Ⅱ.①农… ②农… 　Ⅲ.①农田基本建设
—国家标准—研究—中国　Ⅳ.①S28-65

　中国版本图书馆 CIP 数据核字（2022）第 137088 号

中国农业出版社出版
地址：北京市朝阳区麦子店街 18 号楼
邮编：100125
责任编辑：武旭峰
版式设计：杨　婧　　责任校对：沙凯霖
印刷：中农印务有限公司
版次：2022 年 9 月第 1 版
印次：2023 年 3 月北京第 2 次印刷
发行：新华书店北京发行所
开本：700mm×1000mm　1/16
印张：11.75
字数：165 千字
定价：45.00 元

农田建设培训系列教材

编辑委员会

主　　任：郭永田

副 主 任：郭红宇　谢建华

委　　员：陈章全　吴洪伟　杜晓伟　高永珍　王志强
　　　　　李　荣　马常宝

《高标准农田建设技术指南》编写组

主　　编：郭红宇　杜晓伟　王志强

副 主 编：郝聪明　何　冰　楼　晨　韩　栋　杨　红
　　　　　孙春蕾

参　　编（以姓名笔画为序）：

　　　　　王长江　王志强　王彦春　刘群昌　李少帅
　　　　　李文峰　李红举　李登山　吴　勇　何美成
　　　　　辛景树　宋　昆　张　磊　陈　正　郑　毅
　　　　　胡志鹏　贺鹏飞　曹崇建　谭炳昌

配　　图：付兆丰

审　　定（以姓名笔画为序）：

　　　　　李保国　吴克宁　张凤荣　郧文聚　董学玉
　　　　　韩振中

前　言

　　党中央、国务院高度重视农田建设工作。习近平总书记多次强调，"保障国家粮食安全的根本在耕地，耕地是粮食生产的命根子""农田就是农田，而且必须是良田"。大力推进高标准农田建设，是把农田建成良田、巩固和提高粮食生产能力、保障国家粮食安全的关键举措。党的十八大以来，各地、各部门认真贯彻落实党中央、国务院决策部署，持续推进高标准农田建设，有力支撑了粮食和重要农产品生产能力的提升。

　　标准是国家基础性制度的重要方面。加强高标准农田建设，切实有效补齐农田基础设施短板，必须有科学适用的标准作支撑。2014年，《高标准农田建设　通则》（GB/T 30600—2014）（以下简称原《通则》*）发布实施，对指导各地高标准农田建设发挥了重要作用。近年来，党中央、国务院对高标准农田建设提出了一系列新要求新部署。特别是随着高标准农田建设管理体制和方式发生了"由分到统"的巨大变化，各地在高标准农田建设工作的推进过程中，迫切要求根据新的形势需要，制定更具有针对性和可操作性的高标准农田建设标准，科学规范引导高标准农田建设活动。2019年11月，国务院办公厅印发《关于切实加强高标准农

---

　　* 本书正文中，原《通则》都指GB/T 30600—2014，新《通则》都指GB/T 30600—2022。——编者注

田建设　提升国家粮食安全保障能力的意见》（国办发〔2019〕50号），要求统一建设标准，加快修订高标准农田建设通则。

2020年，在国家市场监督管理总局（国家标准化管理委员会）大力支持下，农业农村部启动了对原《通则》的修订工作。修订工作以习近平新时代中国特色社会主义思想为指导，以全面提升农田质量、提高农业综合生产能力为目标，坚持"科学布局、分类施策，目标导向、良田粮用，生态理念、注重质量"的原则，划定了不同建设区域，明确了分省粮食产能指标，统筹考虑了基础设施建设与地力提升内容，切实提升了标准的科学性、适用性、可操作性。

目前，修订后的《高标准农田建设　通则》（GB/T 30600—2022）（以下简称新《通则》）已于2022年3月9日发布，将于10月1日起正式实施。为加强标准宣贯，指导各地按照新《通则》规范开展工作，我们组织编写了本书，对新《通则》逐条进行解读，为高标准农田建设管理人员提供工作参考。书中不足之处，敬请批评指正。

本书编写组

2022年9月

目　录

1

第三部分 《高标准农田建设 通则》

（GB/T 30600—2022） /141

第一部分

《高标准农田建设　通则》修订背景

1 修订的意义和过程

原《通则》实施七年多以来，对于指导相关部门和地方规范推进高标准农田建设发挥了重要作用。随着高标准农田建设工作不断推进，原《通则》在实际应用中逐渐显露出建设内容针对性不强、部分指标设置欠合理、农田建设与粮食产能不挂钩、重工程建设轻耕地地力提升与后期管护等问题，难以满足农业现代化发展要求。新形势下，持续做好高标准农田建设，迫切需要修订通则，完善建设内容和具体指标，推动实现农田建设科学化、规范化。

1.1 修订意义

1.1.1 修订通则是统一高标准农田建设技术要求，实现农田建设项目科学、规范管理的现实需要

2018年机构改革前，高标准农田建设涉及多部门，且各自有自己的行业标准，许多地方还制定了地方标准。原《通则》虽由多部门共同制定，但多为原则性规定，实际操作中常出现不统一、不协调的问题。机构改革后，农田建设管理职能整合归并至农业农村部门，各地普遍呼吁出台新的集中统一的高标准农田建设国家标准，为农田建设项目工程设计、投资概算、竣工验收等提供技术标准支撑。修订通则，可以解决高标准农田建设标准不统一问题，从顶层设计层面提供国家标准指引，科学规范指导高标准农田建设管理活动。

1.1.2 修订通则是突出高标准农田区域特点，提高建设标准内容针对性和可操作性的需要

我国地域辽阔，区域之间气候条件、地形地貌等差异较大，作

物类型、耕作制度、耕地生产利用的限制性因素等各不相同，相应对农田基础设施和地力水平的要求也有所区别。原《通则》没有明确区域标准，各地在具体执行时普遍感到相关措施针对性不强，不能很好适应高标准农田建设管理的实际需要，呼吁出台更能体现区域特点、操作性强的建设标准。2021 年 8 月，国务院批复《全国高标准农田建设规划（2021—2030 年）》（以下简称《规划》），确定了到 2022 年、2025 年、2030 年全国高标准农田新增建设和改造提升任务目标，明确提出新增建设和改造提升高标准农田应按照技术标准执行，并结合不同地区资源禀赋、种植结构等特点，将全国高标准农田建设划分了 7 个区域。修订通则，在科学设置建设分区的基础上因地制宜确定建设内容，明确建设重点和技术要求，强化了标准内容的针对性，规范指导不同地区高标准农田建设具体工作。

1.1.3　修订通则是完善高标准农田建设内容，弥补农田质量提升不足的需要

高标准农田建设是补齐农田基础设施短板，提升耕地地力，增强农田防灾抗灾减灾能力的关键举措。但长期以来，各地开展高标准农田建设大多侧重于工期短、容易通过验收的工程内容，往往忽视需要长期持续投入、质量改善缓慢的地力提升内容。究其原因，主要是建设投入不足，但原《通则》部分地力指标设置不合理也是一个重要因素。当前和今后一个时期，粮食消费结构不断升级，粮食需求和资源禀赋相对不足的矛盾日益凸显，加之面临的外部环境趋于复杂，保障国家粮食安全的任务更加艰巨，在耕地数量约束日益趋紧的情况下，迫切需要提升农田地力水平，深入挖掘农田增产潜力。修订通则，坚持以绿色发展理念为指引，优化完善农田地力提升建设内容和具体指标，可以弥补农田质量建设内容不足，推动形成绿色生产方式，实现土地和水资源集约节约利用，促进农业可持续发展。

1.2　修订过程

1.2.1　修订立项

2019 年 11 月，国务院办公厅印发《关于切实加强高标准农田建设　提升国家粮食安全保障能力的意见》（国办发〔2019〕50 号），要求统一建设标准，加快修订《高标准农田建设　通则》。据此，2020 年 3 月，农业农村部向国家标准化管理委员会提出国家标准《高标准农田建设　通则》的修订申请，并获得立项批准。同年 11 月 24 日，国家标准化管理委员会下达《2020 年第三批推荐性国家标准计划的通知》（国标委发〔2020〕48 号），要求两年内修订完成。参与修订的单位包括农业农村部工程建设服务中心、农业农村部耕地质量监测保护中心、全国农业技术推广服务中心、国家林业和草原局调查规划设计院等。原《通则》参编的部分人员也参加了修订工作。

1.2.2　收集分析相关资料

2018 年，农业农村部农田建设管理司对各地高标准农田建设参考标准情况进行摸底，以此为基础确定了通则修订工作计划，明确提出制定分区域的建设标准。2019 年，农田建设管理司书面调研了 31 个省（自治区、直辖市）及新疆生产建设兵团 221 个典型项目，系统收集了农田建设相关法律法规、政策制度、技术标准等文件。在广泛摸底和搜集资料基础上，先后委托农业农村部规划设计研究院、工程建设服务中心开展高标准农田建设区域划分及标准制定的研究工作，逐一梳理研究与高标准农田建设有关的规定与条款，积累了大量的高标准农田建设案例素材、基础数据和研究成果，初步确定了修订的总体思路、关键问题和主要内容。

1.2.3　研究确定通则修订大纲

2019 年 11 月，国办发〔2019〕50 号文件印发后，农田建设管理司即着手组织专业力量启动通则修订工作。2020 年 1 月，农田建设管理司委托农业农村部工程建设服务中心牵头成立通则修订工作组，立足前期研究成果开展通则修订相关工作。3月，农田建设管理司按照标准制修订工作程序，向国家标准化管理委员会呈报了修订通则的《推荐性国家标准项目建议书》。4月，在北京组织召开专题讨论会，邀请相关起草单位、地方农业农村部门、部分高校及科研院所专家参加，研究确定了通则修订大纲。主要包括任务来源、修订的背景目的与意义、修订思路与原则、工作组的组成及分工、修订的技术路线、资料分析整理、实地调查研究、修订要解决的主要问题、修订计划、征求意见、报审与报批等11部分内容。

1.2.4　开展实地调研

通则修订工作组在前期研究基础上，先后组织专家赴广东、广西、四川、重庆、湖南、江苏、安徽、黑龙江、辽宁、河北、山西、青海、西藏、新疆等分属不同区域的14个典型省份调研高标准农田建设项目情况，涉及50多个县（市、区）的120个项目。调研期间有关专家实地察看了田块整治、灌溉与排水、田间道路、农田防护与生态环境保护、农田输配电、农田地力提升等建设内容，了解了工程建设质量、设施设备运行、建后管护等情况，对照前期书面调研和资料分析成果，基本摸清了不同区域建设过程中存在的主要问题，为通则修订提供了第一手资料支撑。

1.2.5　开展专题座谈

分区域、分专题邀请省、市、县各级农田建设管理人员，相关行业专家、技术人员、乡镇干部、新型农业经营主体、农民等，累计召开专题座谈会近40余次，研究通则修订思路和主要内容，讨论分析具体规定和指标设置。

1.2.6　起草修订稿草案

工作组对照高标准农田建设相关规定，结合前期研究、实地调研和座谈讨论成果，按修订大纲起草了新《通则》修订稿草案。结合调研及专题座谈会，及时征求地方农田建设管理人员和相关领域专家意见，特别是就高标准农田建设分区方案、专门设置农田地力提升板块、明确粮食综合生产能力指标等重点问题进行了深入研究，逐步完善新《通则》修订稿草案。

1.2.7　广泛征求意见

为提升新《通则》修订稿的科学性、可操作性，2020年工作组先后2次书面征求全国省级农业农村部门及农田建设相关领域专家意见，并根据地方和专家反馈意见修改完善并形成了新《通则》（征求意见稿）。2021年8月1日—10月8日，新《通则》（征求意见稿）在国家标准委网站进行了为期2个月的公开征求意见。10月中旬，正式发函征求国家发展改革委、财政部、自然资源部、水利部、国家林草局等部委意见。截至11月20日，工作组累计收到反馈意见194条。经逐条研究，共采纳意见108条，部分采纳24条，未采纳61条，无效意见1条，采纳率为68%。在此基础上，修订完善相关内容，形成了新《通则》（送审稿）。

1.2.8　召开标准审查会

2021年11月30日，农田建设管理司在北京组织召开了新《通则》（送审稿）审查会。审查委员会由水利、土地管理、农业工程、土壤质量、林业等领域的7位专家组成。审查委员会听取了修订工作汇报，对新《通则》（送审稿）逐条逐句进行了认真细致的审查。经质询讨论，审查委员会专家一致认为，新《通则》（送审稿）编写符合《标准化工作导则第1部分：标准化文件的结构和起草规则》（GB/T 1.1—2020）规定要求，文字表达准确、层次分明、结构合理、格式规范，送审资料齐全，完成了国家标准化管理委员会下达的计划任务，同意该标准通过审查。建议工作组按照审查委员会提出的意见进行修改，形成报批稿，按照规定程序报批。

1.2.9　形成报批稿并完成报批发布

审查会后，工作组认真梳理审查委员会专家提出的意见建议，共计21条，经认真研究逐一采纳吸收，形成报批稿，并按规定程序报批。之后，根据国家标准委审核专家意见进行了进一步修改完善。新《通则》于2022年3月9日发布，2022年10月1日起正式实施。

2 新《通则》的主要内容和特点

2.1 主要内容

2.1.1 基本框架

新《通则》全文共8章105条及6个附录。

第一章是范围。确立了高标准农田建设的基本原则，规定了建设区域、农田基础设施建设和农田地力提升工程建设内容与技术要求、管理要求等，适用于高标准农田新建和改造提升活动。

第二章是规范性引用文件。给出了新《通则》中引用的相关国家与行业的相关标准。

第三章是术语和定义。给出了与高标准农田建设有关的8个术语和定义。

第四章是基本原则。规定了高标准农田建设应遵循的6项原则，分别是规划引领、因地制宜、数量质量并重、绿色生态、多元参与和建管并重。

第五章是建设区域。根据不同区域的气候条件、地形地貌、障碍因素和水源条件等，将全国高标准农田建设区域划分为东北区、黄淮海区、长江中下游区、东南区、西南区、西北区、青藏区等7大区域。本章还规定了高标准农田建设的重点区域、限制区域和禁止区域。该部分对原《通则》进行了较大修改，使其更加符合实际，更有针对性和可操作性。

第六章、第七章、第八章分别是农田基础设施建设工程、农田地力提升工程和管理要求，这三章是新《通则》的核心章节。第六章具体规定了田块整治、灌溉与排水、田间道路、农田防护与生态环境保护、农田输配电等农田基础设施建设工程的建设内容和技术指标；第七章具体规定了土壤改良、障碍土层消除、土壤培肥等农田地力提升工程的措施和技术指标；第八章具体规定了土地权属确认与地类变更、验收与建设评价、耕地质量评价监测与信息化管理、建后管护、农业科技配套与应用等管理要求。

附录 A 是全国高标准农田建设区域划分表，为资料性附录，规定了七大区域分别包括的省（自治区、直辖市）。

附录 B 是高标准农田基础设施建设工程体系表，为规范性附录，详细划分了农田基础设施建设工程三级工程体系。

附录 C 是各区域高标准农田基础设施工程建设要求，为规范性附录，分区域详细规定了五类农田基础设施工程分别应达到的建设技术指标。

附录 D 是高标准农田地力提升工程体系表，为规范性附录，详细划分了农田地力提升工程三级工程体系。

附录 E 是高标准农田地力参考值表，为资料性附录，分区域详细规定了高标准农田应达到的地力标准值或 3 年后的目标值，应达到的耕地质量等级。

附录 F 是高标准农田粮食综合生产能力参考值表，为资料性附录，分区域分省给出了高标准农田稻谷、小麦、玉米三大粮食作物应达到的综合生产能力。

2.1.2　修订的主要内容

与原《通则》（GB/T 30600—2014）相比，新《通则》（GB/T 30600—2022）确立了高标准农田建设的基本原则，增加了高标准农田建设分区，明确了高标准农田建设管理的一般要求，针对农田基础设施建设和农田地力提升，分别提出了工程建设内容与技术要求，明确了高标准农田建设前、建设中和建设完成后的管理要求等。

一是调整了标准框架结构，突出了农田地力提升。标准框架结构原为："建设内容与技术要求""管理要求""监测与评价""建后管护与利用"，重新梳理调整为"农田基础设施建设工程""农田地力提升工程""管理要求"，用附表的形式明确建设要求和技术指标，结构更加合理清晰。

二是更改了适用范围、建设原则、各类工程建设内容和建设要求。适用范围的修订进一步提升了标准的适应性，由"适用于高标准农田建设活动"更改为"适用于高标准农田新建和改造提升活动"；建设原则的修订彰显新时代农业现代化新要求，更改了"规划引导原则、因地制宜原则和数量、质量、生态并重原则"的内容，增加了"绿色生态原则"，将"维护权益原则"更改为"多元参与原则"，将"可持续利用原则"更改为"建管并重原则"。农田基础设施建设工程和农田地力提升工程中的各类工程建设内容、建设要求、技术指标，都有修改、调整和完善。

三是完善了相关技术指标。将有些原则性规定具体完善细化为可操作性技术指标，涉及基础建设类指标84项，地力提升类指标26项，粮食综合生产能力参考指标203项；将20项具体指标调整为指导性规定。

2.1.3　增加的主要内容

一是新增6项术语定义，突出农田地力提升。新《通则》新增了田块整治工程、土壤有机质、有效土层厚度、耕层厚度、耕地地力、耕地质量等术语定义。

二是增加7大区域划分，建设更有针对性。根据气候条件、地形地貌、障碍因素、水源条件等，将全国划分为东北区、黄淮海区、长江中下游区、东南区、西南区、西北区、青藏区等7大区域。分区域设定了基础设施工程建设要求、农田地力参考值。

三是增设"农田地力提升工程"章节，强调地力提升在高标准农田建设中的重要性。农田地力是提升粮食产能的主要因素。相关数据表明，耕地质量每提高一个等级，粮食综合生产能力约提高 100 公斤/亩*，耕地质量提升和挖掘产能潜力具有高度正相关性，农田地力提升是高标准农田建设的初衷。

四是增加粮食综合生产能力指标，引导达到高标准农田建设的目的。新《通则》按照国家统计局公布的 2017 年、2018 年和 2019 年各省的稻谷、小麦、玉米三大谷物综合生产能力统计数据，取 3 年平均值，并按增产 10% 的幅度，设定了各省粮食综合生产能力指标，以此作为高标准农田建设完成后粮食综合生产能力的参考值。

2.1.4　主要技术内容变化情况

——更改了"规划引导原则、因地制宜原则和数量、质量、生态并重原则"的内容（见 4.1~4.3，2014 年版的 4.1~4.3）；增加了"绿色生态原则"（见 4.4）；将"维护权益原则"更改为"多元参与原则"（见 4.5，2014 年版的 4.4）；将"可持续利用原则"更改为"建管并重原则"（见 4.6，2014 年版的 4.5）；

——增加了全国高标准农田建设区域划分（见 5.1 和附录 A）；更改了高标准农田建设的重点区域、限制区域、禁止区域的内容（见 5.3~5.5，2014 年版的 5.2~5.4）；

——将"土地平整"更改为"田块整治"，更改了田块整治工程的建设要求（见 6.2，2014 年版的 6.2、附录 B.1）；

——更改了灌溉与排水工程各部分建设内容的建设要求（见 6.3，2014 年版的 6.4、附录 B.3）；

——更改了田间道路工程部分建设内容的建设要求（见 6.4，2014 年版的 6.5、附录 B.4）；

——更改了农田防护与生态环境保护工程各部分建设内容的建设要求（见 6.5，2014 年版的 6.6、附录 B.5）；

——更改了农田输配电工程各部分建设内容的建设要求（见

---

* 亩为非法定计量单位，1 亩＝666.7 米²。

6.6，2014 年版的 6.7、附录 B.6）；

——将"土壤改良"和"土壤培肥"更改为"农田地力提升工程"（见第 7 章，2014 年版的 6.3、9.2、附录 B.2）；

——将"管理要求""监测与评价""建后管护与利用"更改为"管理要求"（见第 8 章，2014 年版的第 7 章、第 8 章、第 9 章）；

——更改了高标准农田基础设施建设工程体系（见附录 B，2014 年版的附录 A）；

——删除了高标准农田建设统计表（见 2014 年版的附录 C）；

——增加了各区域高标准农田基础设施建设工程要求（见附录 C）；增加了农田地力提升工程体系（见附录 D）；增加了高标准农田地力参考值（见附录 E）；增加了高标准农田粮食综合生产能力参考值（见附录 F）。

2.2　突出特点

2.2.1　突出因地制宜，明确了不同区域的建设标准

与《规划》充分衔接，将全国划分为 7 个区域，分区域制定高标准农田基础设施建设标准、农田地力标准参考值，充分强调高标准农田建设应因地制宜。

2.2.2　注重目标导向，明确了分省份粮食产能指标

充分凸显高标准农田建设目的，分省份明确高标准农田粮食综合生产能力指标，力争到 2030 年建成 12 亿亩高标准农田，加上改造提升已建的高标准农田，能够稳定保障 1.2 万亿斤以上粮食产能，确保谷物基本自给、口粮绝对安全，守住国家粮食安全底线。

2.2.3　统筹基础设施建设与地力提升，细化完善了地力提升相关内容

在修订基础设施建设指标的同时，着重补充完善了地力提升相关指标，为各地开展耕地质量提升建设提供有效技术参考。

2.2.4　提升科学适用，增强了标准可操作性

将建设内容明确分为农田基础设施建设工程和农田地力提升工程两大板块，每一板块详细划分具体工程类别，每一类别详细制定建设标准，确保地方开展各类工程建设都能有所参照。

2.2.5　强化践行农业绿色发展理念

明确了"绿色生态"的基本原则，建设内容中体现了绿色发展要求，建设过程中鼓励应用绿色工艺，强调农业科技配套与应用。将绿色发展理念贯穿于高标准农田建设全过程，促进农田生产和生态和谐发展，实现农业生产与生态保护相协调。

2.2.6　实现了与《规划》的有效衔接

《规划》正式发布实施，成为指导各地科学有序开展高标准农田建设的重要依据。新《通则》以《规划》为引领，充分考虑了两者的有效衔接。

一是深入贯彻《规划》提出的 7 项工作原则。《规划》提出了高标准农田建设管理的 7 项工作原则：政府主导、多元参与，科学布局、突出重点，建改并举、注重质量，绿色生态、土壤健康，分类施策、综合配套，建管并重、良性运行，依法严管、良田粮用。作为与《规划》协调配套的技术性标准，新《通则》明确了规划引领、因地制宜、数量质量并重、绿色生态、多元参与和建管并重六项原则，两个文件高度契合。如新《通则》分区域分省份给出了高标准农田建成后稻谷、小麦、玉米三大谷物应达到的粮食综合生产能力参考值，与依法严管、良田粮用原则宗旨完全吻合。

二是适应《规划》提出的建设目标。《规划》提出建改并举原则，明确了今后一个时期高标准农田建设和改造提升任务。为增强标准的适用性和实用性，新《通则》适用范围从原来的"适用于高标准农田建设活动"更改为"适用于高标准农田新建和改造提升活动"，提升了标准的适应性。

三是将《规划》提出的建设内容具体化。《规划》提出了"田、

土、水、路、林、电、技、管"8个方面的建设内容和建设要求，新《通则》将建设和管理分为"农田基础设施建设工程""农田地力提升工程"和"管理要求"三大板块，对8方面建设内容进行了具体化规定。

四是区域划分及重点与《规划》保持一致。《规划》依据区域气候特点、地形地貌、水土条件、耕作制度等因素，按照自然资源禀赋与经济条件相对一致、生产障碍因素与破解途径相对一致、粮食作物生产与农业区划相对一致、地理位置相连与省级行政区划相对完整的原则，将全国分成7个区域开展高标准农田建设，并分区规定了建设重点。新《通则》分区与《规划》保持一致，更便于地方执行与操作。

3 两版通则内容对比

原《通则》与新《通则》的内容对比见表 3-1。

表 3-1　两版通则内容对比表

2014 版内容	2022 版内容	主要修订内容
1 范围	1 范围	明确了新《通则》不但适用于高标准农田新建，还适用于改造提升活动
2 规范性引用文件	2 规范性引用文件	增加规范性引用文件：GB/T 12527、GB/T 14049、GB/T 20203、GB/T 33469、GB 50053、GB/T 50085、GB/T 50485、GB/T 50596、GB/T 50600、GB/T 50625、GB 51018、DL/T 5118、DL/T 5220、NY/T 1119、SL 482、SL/T 769 删除规范性引用文件：GB 15618、GB/T 28405、GB/T 28407
3 术语和定义	3 术语和定义	
3.1 高标准农田	3.1 高标准农田	将"土地平整"改为"田块平整"，增加了"节水高效、宜机作业"表述，除了"划定为永久基本农田"表述
3.2 高标准农田建设	3.2 高标准农田建设	将高标准农田建设分为农田基础设施建设和农田地力提升活动两部分内容
3.3 基本农田	/	删除
3.4 高标准农田建设工程体系	/	删除
/	3.3 田块整治工程	新增
/	3.4 土壤有机质	新增
/	3.5 有效土层厚度	新增
/	3.6 耕层厚度	新增

15

（续）

2014版内容	2022版内容	主要修订内容
/	3.7 耕地地力	新增
/	3.8 耕地质量	新增
4 基本原则	**4 基本原则**	
4.1 规划引导原则	4.1 规划引导原则	将"应符合土地利用总体规划、土地整治规划、《全国新增1 000亿斤粮食生产能力规划（2009—2020年）》《全国高标准农田建设总体规划》等"修改为"应符合全国高标准农田建设规划、国土空间规划、国家有关农业农村发展规划等"
4.2 因地制宜原则	4.2 因地制宜原则	将"应根据不同区域自然资源特点、社会经济发展水平、土地利用状况、采取相应的建设方式，确定建设重点与内容，缺什么补什么、缺什么急需先建什么"修改为"应根据不同区域自然资源禀赋、农业生产特征及主要障碍因素，采取因地制宜的建设方式和工程措施；明确需要减轻或消除影响农田综合生产能力的主要限制性因素"
4.3 数量、质量、生态并重原则	4.3 数量、质量并重原则	将"数量、质量、生态并重原则"调整为"数量、质量并重原则"和"绿色生态原则"两条
	4.4 绿色生态原则	新增。强调高标准农田建设要遵循绿色发展理念，促进农田生产和生态和谐发展
4.4 维护权益原则	4.5 多元参与原则	将"维护权益原则"修改为"多元参与原则"
4.5 可持续利用原则	4.6 建管并重原则	将"可持续利用原则"修改为"建管并重原则"
5 建设区域	**5 建设区域**	
5.1 建设区域总体要求	5.1 全国高标准农田建设区域划分	根据不同区域的气候条件、地形地貌、障碍因素和水源条件等，将全国高标准农田建设区域划分为东北区、黄淮海区、长江中下游区、东南区、西南区、西北区、青藏区7大区域
/	5.2 建设区域总体要求	删除"无潜在土壤污染"表述

（续）

2014版内容	2022版内容	主要修订内容
5.2 高标准农田建设的重点区域	5.3 高标准农田建设的重点区域	与最新文件表述一致，将高标准农田建设的重点区域规定为已划定的永久基本农田和粮食生产功能区、重要农产品生产保护区
5.3 高标准农田建设限制区域	5.4 高标准农田建设限制区域	删除"在前述区域开展高标准农田建设需提供国土、水利、环保等部门论证同意的证明材料"表述
5.4 高标准农田建设禁止区域	5.5 高标准农田建设禁止区域	与最新文件表述一致，将"地面坡度大于25°的区域"修改为"严格管控类耕地、土壤污染严重的区域、自然保护区的核心区和缓冲区"修改为"严格保护红线内区域、生态保护红线内区域"
6 建设内容与技术要求	**6 建设内容与技术要求**	
6.1 一般规定	6.1 一般规定	增加：鼓励应用绿色材料和工艺，建设生态型田埂、护坡、渠系、道路、防护林、缓冲隔离带等，减少对农田环境的不利影响 删除：建成后耕地质量等别应达到所在县同等自然条件下耕地的较高等级、粮食综合生产能力应有显著提高。耕地质量与培肥措施的耕地地力等级评定应参照有关行业标准执行 调整："田间基础设施使用年限指高标准农田建设完成后各项基础设施正常发挥效益的时间，一般应不低于15年"调整为"农田基础设施使用年限应与发挥效益的最低年限"，各项工程设计按标准建成后，在常规维护条件下能维持正常运行、整体工程使用年限应符合相关专业标准使用年限一般不低于15年"
6.2 土地平整 附录 B.1 土地平整工程	6.2 田块整治工程	将"土地平整"修改为"田块整治"；增加了田块整治工程的建设要求；增加了田块厚度和耕层厚度的规定，将田块长边布置方向、田面高差等修改为定量规定，表述为：田面长度和宽度、梯田田坎高度应根据气候条件、地形地貌、作物种类、机械作业、灌溉与排水效率等因素确定，并分为旱作、灌溉、风蚀、田面坡度和纵向坡度差异，田面坡度和纵向坡度根据土壤条件和灌溉条件合理确定

17

（续）

2014版内容	2022版内容	主要修订内容
6.3 土壤改良 附录 B.2 土壤改良工程	/	归并至第七章"农田地力提升工程"
6.4 灌溉与排水 附录 B.3 灌溉与排水工程	6.3 灌溉与排水工程	详细规定了灌溉与排水工程各部分建设内容的具体建设要求 一、灌溉工程 1. 水源工程。包括井灌工程、塘堰（坝）、蓄水池、小型集雨池、机井等 2. 斗渠（沟）道以下引水和提水泵站、管道工程 3. 渠系建筑物。包括衣桥、渡槽、倒虹吸管、涵洞、水闸、跌水与陡坡、量水设施等 4. 节水灌溉。包括渠道防渗、管道输水灌溉、喷微灌等 二、排水工程 1. 排涝 2. 排渍 3. 改良盐碱地或防治土壤盐碱化 4. 排水方式。包括明沟、暗管、排水井等
6.5 田间道路 附录 B.4 田间道路工程	6.4 田间道路工程	按建设区域给出了田间道路通达度、田间道（机耕路）和生产路的路面宽度要求。贯彻绿色生态原则，提出了生态化设计要求。田间道：田间道（机耕路）路面应满足强度、稳定性和平整度的要求，宜采用泥结石、碎石等材质或车辙路（轨迹砖）、砌石（块）间隔铺装等生态化结构。根据路面荷载类型和荷载要求，推广应用生物凝结技术、透水路面等生态化设计
6.6 农田防护与生态环境保持 附录 B.5 农田防护与生态环境保持工程	6.5 农田防护与生态环境保护工程	增加了农田防护林工程建设的具体规定，增加了岸坡防护工程、坡面防护工程款。农田沟道治理工程应按 GB 51018 规定执行等条款。按建设区域给出了农田防护面积比例要求
6.7 农田输配电 附录 B.6 农田输配电工程	6.6 农田输配电工程	详细规定了农田输配电线路的电压等级、导线技术性能、配电室、输配电线路间距、塔杆、变配电装置、输配电设备接地方式、安全距离、警示标识等的建设要求

（续）

2014版内容	2022版内容	主要修订内容
6.8 其他	6.7 其他工程	基本一致
/	**7 农田地力提升工程**	新增。将农田地力提升工程单列一章，凸显其重要性
/	7.1 一般规定	农田地力提升工程包括土壤改良、障碍土层消除、土壤培肥等。分省给出了农田地力参考值，给出了粮食综合生产能力参考值
6.3 土壤改良 附录B.2 土壤改良工程	7.2 土壤改良工程	提出了过沙或过黏土壤、酸化土壤、盐碱土壤、土壤风蚀沙化、土壤板结等的改良措施。修改了酸化土壤、盐碱土壤治理后土壤pH的规定。提出，酸化土壤改良后的土壤pH应达到5.5以上至中性、盐碱土壤改良后的土壤盐分含量应低于0.3%。土壤pH应达到8.5以下至中性。删除了生石灰、有机肥、绿肥等措施和秸秆还田量的有关规定
/	7.3 障碍土层消除工程	新增。提出了障碍土层的主要类型和消除障碍土层的主要措施
9.2 土壤培肥	7.4 土壤培肥工程	按建设区域给出了高标准农田建成3年后土壤有机质含量目标值
7 管理要求	**8 管理要求**	将"管理要求"（包括土地权属调整、地类变更管理、验收与考核、统计、信息化建设与管理）"建后管护与利用"（包括基本农田划定与保护、土壤培肥、建后管护、工程应用、农业科技配套与应用、验收与建设应用）3章合并为"管理要求"1章（包括土地权属确认与地类变更、"监测"与信息化管理、验收与建设评价、工程管护、建后管护、农业科技配套与应用）。土壤质量评价监测与信息、耕地培肥归并并至第七章"农田地力提升工程"
7.1 土地权属调整	8.1 土地权属确认与地类变更	
7.2 地类变更管理	8.2 验收与建设评价	
7.3 验收与考核	8.3 耕地质量评价监测与建设应用管理	
7.4 统计	8.4 建后管护	
7.5 信息化建设与档案管理	8.5 农业科技配套与应用	
8 建后管护与利用		
9.1 基本农田划定与保护		

（续）

2014 版内容	2022 版内容	主要修订内容
9.2 土壤培肥		
9.3 农业科技配套与应用		
9.4 工程管护		
/	附录 A 全国高标准农田建设区域划分	
附录 A 高标准农田建设工程体系	附录 B 高标准农田基础设施建设工程体系	将工程体系分为基础设施建设工程体系和地力提升工程体系两个部分
附录 B 高标准农田建设工程技术要求	/	调整各相关章节
/	附录 C 各区域高标准农田基础设施建设工程建设标准	增加了各区域高标准农田基础设施建设工程标准。按建设区域、分田块整治工程、灌溉与排水工程、田间道路工程、农田防护与生态环境保护工程、农田输配电工程分别提出了建设标准要求。同时提出，如果部分地区的气候条件、地形地貌、障碍因素和水源条件等与相邻区域类似，建设要求可参照相邻区域
附录 C 高标准农田建设统计表	/	删除
/	附录 D 高标准农田地力提升工程体系	增加了农田地力提升工程体系
/	附录 E 高标准农田地力标准参考值	按建设区域提出了高标准农田地力参考值，包括土壤 pH、盐分含量、深耕深松深度、有机质含量及建成应达到的耕地质量等级。同时提出，如果部分地区的气候条件、地形地貌、障碍因素和水源条件等与相邻区域类似，农田地力可参照相邻区域
/	附录 F 高标准农田粮食综合生产能力标准参考值	增加了高标准农田粮食综合生产能力标准参考值。参考值是按照国家统计局公布的 2017 年、2018 年和 2019 年三年的统计数据，取平均值乘以 1.1，四舍五入后得到

第二部分

新《通则》内容详解

1 范　围

【条文】本文件确立了高标准农田建设的基本原则，规定了建设区域、农田基础设施建设和农田地力提升工程建设内容与技术要求、管理要求等。

本文件适用于高标准农田新建和改造提升活动。

【要点说明】按照《标准化工作导则 第1部分：标准化文件的结构和起草规则》（GB/T 1.1—2020）的规定，本条给出了标准内容和适用范围。原《通则》提出的适用范围为"高标准农田建设活动"，本文件将"建设活动"修订为"新建和改造提升活动"，增强了本文件的适用性。《全国高标准农田建设规划（2021—2030年）》提出，今后高标准农田新建与改造提升将同步推进。本文件不但要服务高标准农田新建活动，也要为改造提升提供技术指引。

2 规范性引用文件

本文件规范性引用文件共 21 项，其中国家标准 16 项，电力行业标准 2 项，农业行业标准 1 项，水利行业标准 2 项。

(1) GB 5084《农田灌溉水质标准》

该标准由生态环境部与国家市场监督管理总局联合发布，最新版本为《农田灌溉水质标准》（GB 5084—2021），自 2021 年 7 月 1 日起实施。

(2) GB/T 12527《额定电压 1kV 及以下架空绝缘电缆》

该标准由国家质量监督检验检疫总局和国家标准化管理委员会联合发布，最新版本为《额定电压 1kV 及以下架空绝缘电缆》（GB/T 12527—2008），自 2009 年 4 月 1 日起实施。

(3) GB/T 14049《额定电压 10kV 架空绝缘电缆》

该标准由国家质量监督检验检疫总局和国家标准化管理委员会联合发布，最新版本为《额定电压 10kV 架空绝缘电缆》（GB/T 14049—2008），自 2009 年 4 月 1 日起实施。

(4) GB/T 20203《管道输水灌溉工程技术规范》

该标准由国家质量监督检验检疫总局和国家标准化管理委员会联合发布，最新版本为《管道输水灌溉工程技术规范》（GB/T 20203—2017），自 2017 年 11 月 1 日起实施。

(5) GB/T 21010《土地利用现状分类》

该标准由国家质量监督检验检疫总局和国家标准化管理委员会联合发布，最新版本为《土地利用现状分类》（GB/T 21010—2017），自 2017 年 11 月 1 日起实施。

(6) GB/T 33469《耕地质量等级》

该标准由国家质量监督检验检疫总局和国家标准化管理委员会联合发布,《耕地质量等级》(GB/T 33469—2016)自 2016 年 12 月 30 日起实施。

(7) GB 50053《20kV 及以下变电所设计规范》

该规范由住房和城乡建设部和国家质量监督检验检疫总局联合发布,最新版本为《20kV 及以下变电所设计规范》(GB 50053—2013),自 2014 年 7 月 1 日起实施。

(8) GB/T 50085《喷灌工程技术规范》

该规范由建设部和国家质量监督检验检疫总局联合发布,最新版本为《喷灌工程技术规范》(GB/T 50085—2007),自 2007 年 10 月 1 日起实施。

(9) GB 50265《泵站设计规范》

该规范由住房和城乡建设部和国家质量监督检验检疫总局联合发布,最新版本为《泵站设计规范》(GB 50265—2010),自 2011 年 2 月 1 日起实施。

(10) GB 50288《灌溉与排水工程设计标准》

该标准由住房和城乡建设部和国家质量监督检验检疫总局联合发布,最新版本为《灌溉与排水工程设计标准》(GB 50288—2018),自 2018 年 11 月 1 日起实施。

(11) GB/T 50363《节水灌溉工程技术标准》

该标准由住房和城乡建设部和国家质量监督检验检疫总局联合发布,最新版本为《节水灌溉工程技术标准》(GB/T 50363—2018),自 2018 年 11 月 1 日起实施。

(12) GB/T 50485《微灌工程技术标准》

该标准由住房和城乡建设部和国家市场监督管理总局联合发布,最新版本为《微灌工程技术标准》(GB/T 50485—2020),自 2021 年 3 月 1 日起实施。

（13）GB/T 50596《雨水集蓄利用工程技术规范》

该规范由住房和城乡建设部和国家质量监督检验检疫总局联合发布，《雨水集蓄利用工程技术规范》（GB/T 50596—2010）自 2011 年 2 月 1 日起实施。

（14）GB/T 50600《渠道防渗衬砌工程技术标准》

该标准由住房和城乡建设部和国家市场监督管理总局联合发布，最新版本为《渠道防渗衬砌工程技术标准》（GB/T 50600—2020），自 2021 年 3 月 1 日起实施。

（15）GB/T 50625《机井技术规范》

该规范由住房和城乡建设部和国家质量监督检验检疫总局联合发布，《机井技术规范》（GB/T 50625—2010）自 2011 年 6 月 1 日起实施。

（16）GB 51018《水土保持工程设计规范》

该规范由住房和城乡建设部和国家质量监督检验检疫总局联合发布，《水土保持工程设计规范》（GB 51018—2014）自 2015 年 8 月 1 日起实施。

（17）DL/T 5118《农村电力网规划设计导则》

该标准由国家能源局发布，最新版本为《农村电力网规划设计导则》（DL/T 5118—2010），自 2011 年 5 月 1 日起实施。

（18）DL/T 5220《10kV 及以下架空配电线路设计规范》

该规范由国家发展和改革委员会发布，最新版本为《10kV 及以下架空配电线路设计规范》（DL/T 5220—2021），自 2021 年 7 月 1 日起实施。

（19）NY/T 1119《耕地质量监测技术规程》

该规程由农业农村部发布，最新版本为《耕地质量监测技术规程》（NY/T 1119—2019），自 2019 年 11 月 1 日起实施。

（20）SL 482《灌溉与排水渠系建筑物设计规范》

该规范由水利部发布，《灌溉与排水渠系建筑物设计规范》（SL

482—2011）自 2011 年 6 月 8 日起实施。

（21）SL/T 769《农田灌溉建设项目水资源论证导则》

该标准由水利部发布，《农田灌溉建设项目水资源论证导则》（SL/T 769—2020）自 2020 年 8 月 15 日起实施。

3 术语和定义

【条文】**3.1** 高标准农田 well‐facilitated farmland

田块平整、集中连片、设施完善、节水高效、农电配套、宜机作业、土壤肥沃、生态友好、抗灾能力强，与现代农业生产和经营方式相适应的旱涝保收、稳产高产的耕地。

【**要点说明**】本文件重新梳理了高标准农田概念的内涵。将"土地平整"修订为"田块平整"，指向性更强；"生态良好"修订为"生态友好"，更加强调生态文明理念；增加"节水高效"表述，强调高标准农田灌溉工程设计和实施，要特别注重采用新技术、新工艺、新材料，节约用水、高效用水，提高灌溉用水效率与效益。增加"宜机作业"表述，强调实现农业机械化，是农业现代化的基本特征，高标准农田的田间道（机耕路）、生产路，田块长度、宽度、坡度，均需考虑满足耕种收全程机械化作业的要求。删除"划定为基本农田实行永久保护的耕地"表述，突破了"先划后建"的约束，高标准农田建设可以在划定为基本农田的地块实施，也可以在复垦的耕地上建设，建成后划入永久基本农田。

【条文】**3.2** 高标准农田建设 well‐facilitated farmland construction

为减轻或消除主要限制性因素、全面提高农田综合生产能力而开展的田块整治、灌溉与排水、田间道路、农田防护与生态环境保护、农田输配电等农田基础设施建设和土壤改良、障碍土层消除、土壤培肥等农田地力提升活动。

【**要点说明**】本文件充实了高标准农田建设的内容。高标准农田建设主要包括两大部分内容：一部分为农田基础设施建设，包括田块整治、灌溉与排水、田间道路、农田防护与生态环境保护和农田输配电等；另一部分为农田地力提升，包括土壤改良、障碍土层消除和土壤培肥等。高标准农田建设的初衷就是要通过建设活动全面提高农田综合生产能力。

【条文】3.3 田块整治工程 field consolidation engineering

为满足农田耕作、灌溉与排水、水土保持等需要而采取的田块修筑和耕地地力保持措施。注：包括耕作田块修筑工程和耕作层地力保持工程。

【要点说明】本文件将"土地平整"表述修订为"田块整治"，包括耕作田块修筑工程和耕作层地力保持工程。耕作田块修筑工程是按照一定的田块设计标准所开展的土方挖填和埂坎修筑，主要是条田和梯田修筑。在地形相对较缓地区，依据灌排水方向开展条田修筑，水田区条田可细分为格田。在地面坡度相对较陡地区，依据地形和等高线开展梯田修筑。按照田面形式不同，梯田分水平梯田、坡式梯田和复式梯田等类型。耕作层地力保持工程是为充分保护及利用原有耕地的熟化土层和建设新增耕地的宜耕土层而采取的各种措施。当项目区内有效土层厚度和耕层土壤质量不能满足作物生长、农田灌溉排水和耕作需要时，需开展客土回填或进行土壤改良、障碍土层消除和土壤培肥。在田面平整之前，要开展表土保护，对原有可利用的表层土进行剥离收集，待田面平整后再将剥离表土摊铺还原。

【条文】3.4 土壤有机质 soil organic matter

土壤中形成的和外加入的所有动植物残体不同阶段的各种分解产物和合成产物的总称。注：包括高度腐解的腐殖物质、解剖结构尚可辨认的有机残体和各种微生物体。

【要点说明】土壤有机质是指存在于土壤中的所有有机物质，包括土壤中各种动植物残体、微生物体、微生物分解和合成的各种有机物质，以及因火灾而产生的黑炭物质。土壤有机质含有植物和微生物生长所需要的各种营养元素，也决定着土壤结构，它的含量是土壤肥力的一项重要指标。本文件附录 E，分区域给出了高标准农田建成 3 年后土壤有机质含量的目标值。

【条文】3.5　有效土层厚度 effective soil layer thickness

作物能够利用的母质层以上的土体总厚度；当有障碍层时，为障碍层以上的土层厚度。

【要点说明】有效土层是指作物能够利用的土体。土壤形成过程中，在某种或某几种土壤发育过程驱动影响下，物质淋溶、淀积、散失等形成的具有一定形态学特征的土层，称为发生层。国际土壤学会把土壤剖面的发生层划分为 O 层（有机层）、A 层（腐殖质层）、E 层（淋溶层）、B 层（淀积层）、C 层（母质层）和 R 层（基岩层）。我国第二次土壤普查成果《中国土壤》（1998）和《中国土种志》对土壤发生层（特征土层）及符号规定如下，旱耕土壤土层：旱耕层 A_{11}、亚耕层 A_{12}、心土层 C_1、底土层 C_2。水田土壤土层：水耕层（淹育层）Aa、犁底层（淹育层）Ap、潜育层 G、脱潜层 Gw、渗育层 P、腐泥层 M、潴育层 W。

也有专家把土壤发生层分为表土层（A 层）、心土层（B 层）和底土层（C 层）。底土层中还包括潜育层（G 层）。表土层亦称腐殖质-淋溶层，是熟化土壤的耕作层；心土层亦称淀积层，由承受表土淋溶下来的物质形成。底土层亦称母质层，是土壤中不受耕作影响，保持母质特点的一层。农田的有效土层厚度，是指作物能够利用的母质层以上的土体总厚度，为 80～100cm。当有障碍层时，为障碍层以上的土层厚度。本文件附录 C，分区域给出了高标准农田的有效土层厚度要求。

【条文】3.6　耕层厚度 plough layer thickness

经耕种熟化而形成的土壤表土层厚度。

【要点说明】土壤剖面的发生层划分见 3.5 要点说明。耕层厚度一般为 25cm 左右，养分含量比较丰富，作物根系最为密集，土壤为粒状、团粒状或碎块状结构。由于耕层经常受农事活动干扰和外界自然因素影响，其水分物理性质和速效养分含量的季节性变化较大。处于经常耕作深度之内的各种不同土层都能形成耕作层。本文件附录C，分区域给出了高标准农田的耕层厚度要求。

【条文】3.7　耕地地力 cultivated land productivity

在当前管理水平下，由土壤立地条件、自然属性等相关要素构成的耕地生产能力。

【要点说明】耕地地力是指在一个区域气候条件下，由土壤的地形、地貌、成土母质特征，土壤理化性状，培肥水平等综合构成的耕地生产能力。高标准农田建设一项很重要的任务就是要提高耕地地力。本文件第七章提出了农田地力提升工程，其内容包括土壤改良、障碍土层消除和土壤培肥等，附录E分区域给出了高标准农田地力参考值，附录F分省给出了高标准农田建成后的粮食综合能力参考值。

【条文】3.8　耕地质量 cultivated land quality

由耕地地力、土壤健康状况和田间基础设施构成的满足农产品持续产出和质量安全的能力。

【要点说明】耕地质量是一个综合性概念，包括耕地地力、土壤健康状况和田间基础设施等三个方面。耕地地力概念见3.7要点说明。土壤健康状况是指土壤作为一个动态生命系统具有的维持其功能的持续能力，用清洁程度、生物多样性表示。清洁程度反映了土壤受重金属、农药、农膜残留等有毒有害物质影响的程度，生物多样性反映了土壤生命力的丰富程度（出自《〈耕地质量等级〉标准化实践》，中国农业出版社，2018年9月）。田间基础设施包括田块、灌溉与排水工程设施、田间道路、农田防护与生态保护工程设施、农田输配电和适应现代农业生产和经营方式而建设的其他工程设施。高标准农田建设，就是要提升农田地力，完善田间基础设施，保障土壤健康，以达到农产品持续产出和质量安全的目的。

4 基本原则

【条文】**4.1** 规划引导原则。符合全国高标准农田建设规划、国土空间规划、国家有关农业农村发展规划等，统筹安排高标准农田建设。

【要点说明】规划是建设的先导。近年来，国务院和相关部委，陆续出台一系列相关规划，有效指导和引领了高标准农田建设工作。

2021年9月，国务院批复的《全国高标准农田建设规划（2021—2030年）》正式实施，提出了今后一个时期高标准农田建设的指导思想、工作原则、总体目标、建设标准和建设内容、建设分区和建设任务、建设监管和后续管护、效益分析、实施保障等，是指导各地科学有序开展高标准农田建设的重要依据。

2017年1月，国务院批准《全国国土规划纲要（2016—2030年）》，提出要强化耕地资源保护。严守耕地保护红线，坚持耕地质量数量生态并重。严格控制非农业建设占用耕地，加强对农业种植结构调整的引导，加大生产建设和自然灾害损毁耕地的复垦力度，适度开发耕地后备资源，划定永久基本农田并加以严格保护，2020年和2030年全国耕地保有量分别不低于18.65亿亩（1.24亿公顷）、18.25亿亩（1.22亿公顷），永久基本农田保护面积不低于15.46亿亩（1.03亿公顷）。要大规模建设高标准农田，整合完善建设规划，统一建设标准、监管考核和上图入库。

2019年5月，中共中央、国务院发布《关于建立国土空间规划体系并监督实施的若干意见》指出，国土空间规划是国家空间发展的指南、可持续发展的空间蓝图，是各类开发保护建设活动的基本依据。建立国土空间规划体系并监督实施，将主体功能区规划、土地利用规划、城乡规划等空间规划融合为统一的国土空间规划，实现"多规合一"，强化国土空间规划对各专项规划的指导约束作用，是党中央、国务院做出的重大部署。

2021年7月，国务院令第743号对《中华人民共和国土地管理法实施条例》进行了第三次修订。条例指出，国家建立国土空间规划体系。土地开发、保护、建设活动应当坚持规划先行。经依法批准的国土空间规划是各类开发、保护、建设活动的基本依据。国土空间规划应当细化落实国家发展规划提出的国土空间开发保护要求，统筹布局农业、生态、城镇等功能空间，划定落实永久基本农田、生态保护红线和城镇开发边界。

此外，2019年12月，农业农村部、中央网络安全和信息化委员会办公室联合发布《数字农业农村发展规划2019—2025》；2021年9月，农业农村部、国家发展改革委、科技部、自然资源部、生态环境部、国家林草局联合印发《"十四五"全国农业绿色发展规划》；2022年2月，国务院正式发布《"十四五"推进农业农村现代化规划》；2022年3月，农业农村部印发《"十四五"全国农业农村信息化发展规划》等。

高标准农田建设应严格遵循以上相关规划，统筹安排。

【条文】4.2　因地制宜原则。各地根据自然资源禀赋、农业生产特征及主要障碍因素，确定建设内容与重点，采取相应的建设方式和工程措施，什么急需先建什么，缺什么补什么，减轻或消除影响农田综合生产能力的主要限制性因素。

【要点说明】高标准农田建设，以减轻或消除影响农田综合生产能力的主要限制性因素为目的，以提升粮食综合生产能力为初衷。在投资有限的情况下，因地制宜，什么急需先建什么，缺什么补什么，应该成为重要的建设原则。

【条文】4.3　数量、质量并重原则。通过工程建设和农田地力提升，稳定或增加高标准农田面积，持续提高耕地质量，节约集约利用耕地。

【要点说明】确保国家粮食安全，高标准农田数量和质量都要保证，不可偏废。习近平总书记强调指出：耕地红线不仅是数量上的，而且是质量上的；保耕地不仅要保数量，还要提质量。《全国高标准农田建设规划（2021—2030年）》明确要求，到2025年累计建成10.75亿亩并改造提升1.05亿亩、2030年累计建成12亿亩并改造提升2.8亿亩高标准农田；到2035年，全国高标准农田保有量和质量进一步提高。节约集约利用耕地，通过高标准农田建设，在稳定农田面积的基础上，通过复垦和整理，尽可能增加农田面积；通过地力提升，持续提高耕地质量。

【条文】4.4 绿色生态原则。遵循绿色发展理念，促进农田生产和生态和谐发展。

【要点说明】将原《通则》"数量、质量、生态并重原则"中的生态原则单列，突出强调高标准农田建设的绿色化、生态化等方面要求。高标准农田建设的各方面，无论是基础设施建设工程还是地力提升工程，均鼓励应用绿色材料和工艺，减少对农田环境的不利影响。如：田块整治工程充分考虑水蚀、风蚀影响；田块平整时不打乱表土层与心土层，确需打破时应先将表土剥离，待田块平整完成后再均匀摊铺回田面；梯田埂坎采用土坎、植物坎；灌溉与排水工程采用生态友好型技术、工艺和材料，构建生态型渠（沟）系，大力推广节水灌溉技术，提高水资源利用效率；田间道路提倡采用车辙路（轨迹路）、砌石（块）间隔铺装等生态化结构；建设农田防护林、岸坡防护、坡面防护和沟道治理等工程；增施有机肥，实施测土配方施肥技术等，这些规定都是遵循了绿色发展理念，目的是促进农业生产和生态和谐发展。

【条文】4.5 多元参与原则。尊重农民意愿，维护农民权益，引导农民群众、新型农业经营主体、农村集体经济组织和各类社会资本有序参与建设。

【要点说明】高标准农田建设形成了广泛社会共识，农民群众普遍欢迎，一定要强调尊重农民意愿，维护农民权益，同时也要强化农民在建设中的主体地位。各级农业农村主管部门，要积极引导农民群众、新型农业经营主体、农村集体经济组织和各类社会资本有序参与高标准农田建设和管护，形成共谋一碗粮，共抓一块田的工作合力。

【条文】4.6 建管并重原则。健全管护机制，落实管护责任，实现可持续高效利用。

【要点说明】高标准农田"三分建、七分管"，一些地方存在重建设、轻管护的问题，未能有效落实管护责任，工程设施设备损毁后得不到及时有效修复，工程使用年限明显缩短。建设之前就要谋划健全管护机制，按照"谁受益、谁管护，谁使用、谁管护"原则，落实管护责任和相关经费。建管并重原则体现了工程建设、后期管护同样重要，也是确保农田长久发挥效益的要求。

5 建设区域

【条文】5.1 根据不同区域的气候条件、地形地貌、障碍因素和水源条件等，将全国高标准农田建设区域划分为东北区、黄淮海区、长江中下游区、东南区、西南区、西北区、青藏区7大区域。全国高标准农田建设区域划分见附录A。

【要点说明】原《通则》没有分区域制定标准，各地在具体执行时普遍感到有些措施针对性不强，不能很好适应当地高标准农田建设需要。为更好地指导各地开展高标准农田建设工作，突出各地方高标准农田建设重点的差异性，本文件增加了建设分区内容，明确了高标准农田建设分区范围，具体到省份，仅内蒙古自治区分跨东北和西北两个分区。分区域设定了基础设施工程建设标准、农田地力参考值，规范引导不同地区高标准农田建设具体工作。具体分区见表5-1（附录A）。

表 5-1 全国高标准农田建设区域划分表

序号	区域	范　　围
1	东北区	辽宁、吉林、黑龙江及内蒙古赤峰、通辽、兴安、呼伦贝尔盟（市）
2	黄淮海区	北京、天津、河北、山东、河南
3	长江中下游区	上海、江苏、安徽、江西、湖北、湖南
4	东南区	浙江、福建、广东、海南
5	西南区	广西、重庆、四川、贵州、云南
6	西北区	山西、陕西、甘肃、宁夏、新疆（含新疆生产建设兵团）及内蒙古呼和浩特、锡林郭勒、包头、乌海、鄂尔多斯、巴彦淖尔、乌兰察布、阿拉善盟（市）
7	青藏区	西藏、青海

【条文】5.2　建设区域农田应相对集中、土壤适合农作物生长、无潜在地质灾害，建设区域外有相对完善的、能直接为建设区提供保障的基础设施。

【要点说明】农田相对集中，有利于建设田块平整、集中连片、宜机作业的高标准农田；土壤适合农作物生长、无潜在地质灾害，有利于建设土壤肥沃、生态友好、抗灾能力强的高标准农田；建设区域外有相对完善的、能直接为建设区提供保障的基础设施，有利于建设设施完善、节水高效、农电配套、与现代农业生产和经营方式相适应的高标准农田。

【条文】5.3　高标准农田建设的重点区域包括：已划定的永久基本农田和粮食生产功能区、重要农产品生产保护区。

【要点说明】高标准农田建设应以已划定的永久基本农田和粮食生产功能区、重要农产品生产保护区为重点，着力打造粮食和重要农产品保障基地。《基本农田保护条例》（2011年修订）指出，基本农田是指按照一定时期人口和社会经济发展对农产品的需求，依据土地利用总体规划确定的不得占用的耕地。基本农田保护区是指为对基本农田实行特殊保护而依据土地利用总体规划和依照法定程序确定的特定保护区域。国家实行基本农田保护制度。《中华人民共和国土地管理法》（2019年第三次修订）更进一步明确，国家实行永久基本农田保护制度。下列耕地应当根据土地利用总体规划划为永久基本农田，实行严格保护：（一）经国务院农业农村主管部门或者县级以上地方人民政府批准确定的粮、棉、油、糖等重要农产品生产基地内的耕地；（二）有良好的水利与水土保持设施的耕地，正在实施改造计划以及可以改造的中、低产田和已建成的高标准农田；（三）蔬菜生产基地；（四）农业科研、教学试验田；（五）国务院规定应当划为永久基本农田的其他耕地。

综上，在划入永久基本农田区的耕地上建设高标准农田，将可持续发挥高标准农田的作用。

粮食生产功能区，是能够保障粮食供应和安全的水稻、小麦和玉米优势生产区域；重要农产品生产保护区，是能够保障重要农产品供应和安全的大豆、棉花、油菜籽、糖料蔗和天然橡胶优势生产区域。国务院下发的《关于建立粮食生产功能区和重要农产品生产保护区的指导意见》（国发〔2017〕24号）明确：

——划定粮食生产功能区9亿亩，其中6亿亩用于稻麦生产。以东北平原、长江流域、东南沿海优势区为重点，划定水稻生产功能区3.4亿亩；以黄淮海地区、长江中下游、西北及西南优势区为重点，划定小麦生产功能区3.2亿亩（含水稻和小麦复种区6 000万亩）；以松嫩平原、三江平原、辽河平原、黄淮海地区以及汾河和渭河流域等优势区为重点，划定玉米生产功能区4.5亿亩（含小麦和玉米复种区1.5亿亩）。

——划定重要农产品生产保护区2.38亿亩（与粮食生产功能区重叠8 000万亩）。以东北地区为重点，黄淮海地区为补充，划定大豆生产保护区1亿亩（含小麦和大豆复种区2 000万亩）；以新疆为重点，黄河流域、长江流域主产区为补充，划定棉花生产保护区3 500万亩；以长江流域为重点，划定油菜籽生产保护区7 000万亩（含水稻和油菜籽复种区6 000万亩）；以广西、云南为重点，划定糖料蔗生产保护区1 500万亩；以海南、云南、广东为重点，划定天然橡胶生产保护区1 800万亩。

综上，粮食生产功能区、重要农产品生产保护区是我国粮食和农产品主要生产区，占比大，商品率高，耕地相对集中连片。将"两区"作为高标准农田建设的重点区域，对保障国家粮食安全和重要农产品供应具有重要战略意义。

【条文】5.4 高标准农田建设限制区域包括：水资源贫乏区域，水土流失易发区、沙化区等生态脆弱区域，历史遗留的挖损、塌陷、压占等造成土地严重损毁且难以恢复的区域，安全利用类耕地，易受自然灾害损毁的区域，沿海滩涂、内陆滩涂等区域。

【要点说明】在水资源贫乏区域，水土流失易发区、沙化区等生态脆弱区域，历史遗留的挖损、塌陷、压占等造成土地严重损毁且难以恢复的区域，安全利用类耕地，易受自然灾害损毁的区域，沿海滩涂、内陆滩涂等区域建设高标准农田，对水土等资源损耗和对生态环境的影响具有不确定性，本文件将上述区域确定为高标准农田建设限制区域。在这些区域建设高标准农田，需与自然资源、水利、生态环境等部门开展专题论证。

——在水资源贫乏区域，通过建设蓄水池、小型集雨池（窖）水柜等水源工程，只能解决作物的应急抗旱问题，很难达到新《通则》规定的农田灌溉标准。

——水土流失易发区、沙化区等生态脆弱区域，开展农田建设容易造成生态环境破坏。同时土质黏合度差，不保水保肥，很难达到新《通则》规定的农田地力标准。

——生产建设活动损毁的土地包括：露天采矿、烧制砖瓦、挖砂取土等地表挖掘所损毁的土地，地下采矿等造成地表塌陷的土地，堆放采矿剥离物、废石、矿渣、粉煤灰等固体废弃物压占的土地，能源、交通、水利等基础设施建设和其他生产建设活动临时占用所损毁的土地等（见《土地复垦条例》国务院令第 592 号）。此外，还有历史遗留损毁土地和自然灾害损毁土地，地表破坏严重，耕层建设还需要一个长期的过程，建设高标准农田比较困难。

——《土壤污染防治行动计划》（又称"土十条"）按污染程度将农用地划为三个类别，未污染和轻微污染的划为优先保护类，轻度和中度污染的划为安全利用类，重度污染的划为严格管控类。对安全利用类耕地，应当优先采取农艺调控、替代种植、轮作、间作等措施，阻断或者减少污染物和其他有毒有害物质进入农作物可食部分，降低农产品有害物质超标风险。在土壤污染治理达标后，才能考虑安排高标准农田建设。

——易受自然灾害损毁的区域，沿海滩涂、内陆滩涂等区域建设农田会受到各种因素不同程度的制约，一般也不安排高标准农田建设。

【条文】5.5 高标准农田建设禁止区域包括：严格管控类耕地，生态保护红线内区域，退耕还林区、退牧还草区，河流、湖泊、水库水面及其保护范围等区域。

【要点说明】禁止在严格管控类耕地，生态保护红线内区域，退耕还林区、退牧还草区，河流、湖泊、水库水面及其保护范围等区域开展高标准农田建设。这些区域均是国土空间规划划定的用途管制区，严格禁止通过高标准农田建设改变其用途。

——《土壤污染防治行动计划》指出，对于严格管控类耕地，主要采取种植结构调整或者按照国家计划经批准后进行退耕还林还草等措施，严格污染风险管控。

——关于生态保护红线内区域，中共中央办公厅、国务院办公厅于2017年2月7日印发《关于划定并严守生态保护红线的若干意见》指出，生态保护红线是指在生态空间范围内具有特殊重要生态功能、必须强制性严格保护的区域，是保障和维护国家生态安全的底线和生命线，通常包括具有重要水源涵养、生物多样性维护、水土保持、防风固沙、海岸生态稳定等功能的生态功能重要区域，以及水土流失、土地沙化、石漠化、盐渍化等生态环境敏感脆弱区域。我国生态环境总体仍比较脆弱，生态安全形势十分严峻。划定并严守生态保护红线，是贯彻落实主体功能区制度、实施生态空间用途管制的重要举措，是提高生态产品供给能力和生态系统服务功能、构建国家生态安全格局的有效手段，是健全生态文明制度体系、推动绿色发展的有力保障。

——退耕还林是一项重大生态工程，是从保护和改善生态环境出发，将水土流失严重的，沙化、盐碱化、石漠化严重的，生态地位重要、粮食产量低而不稳的，江河源头及其两侧、湖库周围的陡坡耕地以及水土流失和风沙危害严重等生态地位重要区域的耕地，有步骤地停止耕种，按照适地适树的原则，因地制宜地植树造林，恢复森林植被。退耕还林区禁止建设高标准农田。同样，退牧还草区，河流、湖泊、水库水面及其保护范围等区域也要禁止建设高标准农田。

6 农田基础设施建设工程

6.1 一般规定

【条文】**6.1.1** 应结合各地实际，按照区域特点和存在的耕地质量问题，采取针对性措施，开展高标准农田建设。

【要点说明】高标准农田建设，重点是减轻或消除影响农田综合生产能力的主要限制性因素，提高耕地质量，提升粮食产能，改善农田生态环境。各地应结合实际，认真勘察，综合研究，从农田基础设施和农田地力两方面分析影响农田综合生产能力的短板，结合当地自然资源禀赋、农业生产特征及主要障碍因素，合理确定建设内容与重点，因地制宜，有针对性地采取建设方式和建设措施，达到建设目的。

【条文】**6.1.2** 通过高标准农田建设，促进耕地集中连片，提升耕地质量，稳定或增加有效耕地面积；优化土地利用结构与布局，实现节约集约利用和规模效益；完善基础设施，改善农业生产条件，提高机械化作业水平，增强防灾减灾能力；加强农田生态建设和环境保护，实现农业生产和生态保护相协调；建立监测、评价和管护体系，实现持续高效利用。

【要点说明】本条从 5 个方面阐述了高标准农田的建设管理目标：一是提升质量，稳增面积；二是优化布局，节约集约；三是完善设施，改善条件，宜机作业，防灾减灾；四是生产生态，协调发展；五是监管利用，持续高效。

【条文】**6.1.3** 农田基础设施建设工程包括田块整治、灌溉与排水、田间道路、农田防护与生态环境保护、农田输配电及其他工程。按照工程类型、特征及内部联系构建的工程体系分级应按附录 B 规定执行，各区域高标准农田基础设施工程建设要求按附录 C 规定执行。

【要点说明】本文件将高标准农田建设内容分为两大板块，一是农田基础设施建设工程，二是农田地力提升工程。本条详细规定了农田基础设施建设工程的内容，包括田块整治、灌溉与排水、田间道路、农田防护与生态环境保护、农田输配电及其他工程（图 6-1）。在附录 B 中，按照工程类型、特征及内部联系，构建了农田基础设施建设工程体系，见表 6-1（附录 B）。在附录 C 中，分区域规定了高标准农田基础设施工程建设的主要技术指标要求，见各相关章节。

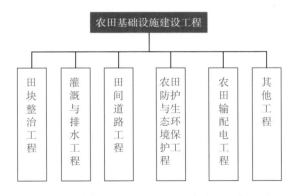

图 6-1 高标准农田基础设施建设工程类型图

表 6-1 高标准农田基础设施建设工程体系表

一级		二级		三级		说明
编号	名称	编号	名称	编号	名称	
1	田块整治工程					
		1.1	耕作田块修筑工程			按照一定的田块设计标准所开展的土方挖填和埂坎修筑等措施

（续）

一级		二级		三级		说明
编号	名称	编号	名称	编号	名称	
				1.1.1	条田	在地形相对较缓地区，依据灌排水方向所进行的几何形状为长方形或近似长方形的水平田块修筑工程。水田区条田可细分为格田
				1.1.2	梯田	在地面坡度相对较陡地区，依据地形和等高线所进行的阶梯状田块修筑工程。按照田面形式不同，梯田分水平梯田和坡式梯田等类型
				1.1.3	其他田块	除1.1.1条田、1.1.2梯田之外的其他田块修筑工程
		1.2	耕作层地力保持工程			为充分保护及利用原有耕地的熟化土层和建设新增耕地的宜耕土层而采取的各种措施
				1.2.1	客土回填	当项目区内有效土层厚度和耕层土壤质量不能满足作物生长、农田灌溉排水和耕作需要时，从区外运土填筑到回填部位的土方搬移活动
				1.2.2	表土保护	在田面平整之前，对原有可利用的表土层进行剥离收集，待田面平整后再将剥离表土还原铺平的一种措施
2	灌溉与排水工程					
		2.1	小型水源工程			为农业灌溉所修建的小型塘堰（坝）、蓄水池和小型集雨设施、小型泵站、农用机井等工程的总称
				2.1.1	塘堰（坝）	用于拦截和集蓄当地地表径流的挡水建筑物、泄水建筑物及取水建筑物，包括坝（堰）体、溢洪设施、放水设施等

（续）

一级		二级		三级		说明
编号	名称	编号	名称	编号	名称	
				2.1.2	蓄水池和小型集雨设施	蓄水池及在坡面上修建的拦蓄地表径流的小型集雨池（窖）、水柜等蓄水建筑物
				2.1.3	小型泵站	装机容量200kW以下的灌排泵站
				2.1.4	农用机井	在地面以下凿井、利用动力机械提取地下水的取水工程，包括大口井、管井和辐射井等
		2.2	输配水工程			修筑在地表附近用于输水至用水部位的工程
				2.2.1	明渠	在地表开挖和填筑的具有自由水流面的地上输水工程
				2.2.2	管道	在地面或地下修建的具有压力水面的输水工程
		2.3	渠系建筑物工程			在灌溉或排水渠道系统上为控制、分配、测量水流，通过天然或人工障碍，保障渠道安全运用而修建的各种建筑物的总称
				2.3.1	农桥	田间道路跨越洼地、渠道、排水沟等障碍物而修建的过载建筑物
				2.3.2	渡槽	输水工程跨越低地、排水沟或交通道路等修建的桥式输水建筑物
				2.3.3	倒虹吸管	输水工程穿过低地、排水沟或交通道路时以虹吸形式敷设于地下的压力管道式输水建筑物
				2.3.4	涵洞	田间道路跨越渠道、排水沟时埋设在填土面以下的输水建筑物

（续）

一级		二级		三级		说明
编号	名称	编号	名称	编号	名称	
				2.3.5	水闸	修建在渠道等处控制水量和调节水位的控制建筑物。包括节制闸、进水闸、冲沙闸、退水闸、分水闸等
				2.3.6	跌水与陡坡	连接两段不同高程的渠道或排洪沟，使水流直接跌落形成阶梯式或陡槽式落差的输水建筑物
				2.3.7	量水设施	修建在渠道或渠系建筑物上用以测算通过水量的建筑物
		2.4	田间灌溉工程			从输水工程配水到田间的工程，包括地面灌溉、喷灌、微灌、管道输水灌溉等
				2.4.1	地面灌溉	利用灌水沟、畦或格田等进行灌溉的工程措施
				2.4.2	喷灌	利用专门设备将水加压并通过喷头以喷洒方式进行灌溉的工程措施
				2.4.3	微灌	利用专门设备将水加压并以微小水量喷洒、滴入等方式进行灌溉的工程措施。包括滴灌、微喷灌、小管出流等
				2.4.4	管道输水灌溉	由水泵加压或自然落差形成有压水流，通过管道输送到田间给水装置进行灌溉的工程措施
		2.5	排水工程			将农田中过多的地表水、土壤水和地下水排除，改善土壤中水、肥、气、热关系，以利于作物生长的工程措施
				2.5.1	明沟	在地表开挖或填筑的具有自由水面的地上排水工程

（续）

| 一级 | | 二级 | | 三级 | | 说明 |
编号	名称	编号	名称	编号	名称	
				2.5.2	暗管	在地表以下修筑的地下排水工程
				2.5.3	排水井	用竖井排水的工程
				2.5.4	排水闸	控制沟道排水的水闸
				2.5.5	排涝站	排除低洼地、圩区涝水的泵站
				2.5.6	排涝闸站	为实现引排水功能，排水闸与排涝站结合的工程
3	田间道路工程					
		3.1	田间道（机耕路）			连接田块与村庄、田块之间，供农田耕作、农用物资和农产品运输通行的道路
		3.2	生产路			项目区内连接田块与田间道（机耕路）、田块之间，供小型农机行走和人员通行的道路
		3.3	附属设施			考虑宜机作业，田间道路设置的必要的下田设施、错车点和末端掉头点
4	农田防护与生态环境保护工程					
		4.1	农田防护林工程			用于农田防风、改善农田气候条件、防止水土流失、促进作物生长和提供休憩庇荫场所的农田植树工程
				4.1.1	农田防风林	在田块周围营造的以防治风沙或台风灾害、改善农作物生长条件为主要目的的人工林

（续）

一级		二级		三级		说明
编号	名称	编号	名称	编号	名称	
				4.1.2	梯田埂坎防护林	在梯田埂坎处营造的以防止水土流失、保护梯田埂坎安全为主要目的的人工林
				4.1.3	护路护沟护坡护岸林	在田间道路、排水沟、渠道两侧营造的以防止水土流失、保护岸坡安全、提供休憩庇荫场所为主要目的的人工林
		4.2	岸坡防护工程			为稳定农田周边岸坡和土堤的安全、保护坡面免受冲刷而采取的工程措施
				4.2.1	护地堤	为保护现有堤防免受水流、风浪侵袭和冲刷所修建的工程设施及新建的小型堤防工程
				4.2.2	生态护岸	为保护农田免受水流侵袭和冲刷，在沟道滩岸修建的植物或植物与工程相结合的设施
		4.3	坡面防护工程			为防治坡面水土流失，保护、改良和合理利用坡面水土资源而采取的工程措施
				4.3.1	护坡	为防止耕地边坡冲刷，在农田边缘铺砌、栽种防护植物等措施
				4.3.2	截水沟	在坡地上沿等高线开挖用于拦截坡面雨水径流，并将雨水径流导引到蓄水池或排除的沟槽工程
				4.3.3	小型蓄水工程	在坡面上修建的拦蓄坡面径流、集蓄雨水资源的小型蓄水工程
				4.3.4	排洪沟	在坡面上修建的用以拦蓄、疏导坡地径流，并将雨水导入下游河道的沟槽工程

（续）

一级		二级		三级		说明
编号	名称	编号	名称	编号	名称	
		4.4	沟道治理工程			为固定沟床、防治沟蚀、减轻山洪及泥沙危害，合理开发利用水土资源采取的工程措施
				4.4.1	谷坊	横筑于易受侵蚀的小沟道或小溪中的小型固沟、拦泥、滞洪建筑物
				4.4.2	沟头防护	为防止径流冲刷引起沟头延伸和坡面侵蚀而采取的工程措施
5	农田输配电工程					
		5.1	输电线路			通过导线将电能由某处输送到目的地的工程
		5.2	变配电装置			通过配电网路进行电能重新分配的装置
				5.2.1	变压器	电能输送过程中改变电流电压的设施
				5.2.2	配电箱（屏）	按电气接线要求将开关设备、测量仪表、保护电器和辅助设备组装在封闭或半封闭的金属柜中或屏幅上所构成的低压配电装置
				5.2.3	其他变配电装置	其他变配电的相关设施，包括断路器、互感器、起动器、避雷器、接地装置等
		5.3	弱电工程			信号线布设、弱电设施设备和系统安装工程
6	其他工程					
		6.1	田间监测工程			监测农田生产条件、土壤墒情、土壤主要理化性状、农业投入品、作物产量、农田设施维护等情况的站点

【条文】6.1.4 鼓励应用绿色材料和工艺，建设生态型田埂、护坡、渠系、道路、防护林、缓冲隔离带等，减少对农田环境的不利影响。

【要点说明】在农田基础设施建设工程中，要遵循绿色发展理念，贯彻绿色生态原则，促进农田生产和生态和谐发展。本条明确了高标准农田建设中的绿色化、生态化要求，鼓励和倡导在田埂、护坡、渠系、道路、防护林、缓冲隔离带等工程中，创新环保型新技术，使用绿色新材料，运用生态型新工艺，减少对农田环境的不利影响。

【条文】6.1.5 田间基础设施占地率指农田中灌溉与排水、田间道路、农田防护与生态环境保护、农田输配电等设施占地面积与建设区农田面积的比例，一般不高于8%。田间基础设施占地涉及的地类按照GB/T 21010规定执行。

【要点说明】田间基础设施占地面积是指高标准农田建设形成的永久工程占地面积。本文件规定，田间基础设施占地面积与建设区农田面积的比例，一般不高于8%。按照GB/T 21010规定，南方宽度<1.0m，北方宽度<2.0m的固定沟、渠、路和地坎（埂）属于耕地，以下各类工程用地属于田间基础设施占地，不属于耕地。

（1）在农村范围内，南方宽度≥1.0m、≤8.0m，北方宽度≥2.0m、≤8.0m，用于村间、田间交通运输，并在国家公路网络体系之外，以服务于农村农业生产为主要用途的道路（含机耕路），属于交通运输用地中的农村道路用地。

（2）人工开挖或天然形成的蓄水量<100 000m³的坑塘常水位岸线所围成的水面，属于水域及水利设施用地中的坑塘水面用地。

（3）人工修建，南方宽度≥1.0m、北方宽度≥2.0m，用于引、排、灌的渠道，包括渠槽、渠堤、护堤林及小型泵站，属于水域及水利设施用地中的沟渠用地。

（4）人工修建的闸、坝、堤路林、水电厂房、扬水站等常水位岸线以上的建（构）筑物用地，属于水域及水利设施用地中的水工建筑用地。

（5）梯田及梯状坡地耕地中，主要用于拦蓄水和护坡，南方宽度≥1.0m、北方宽度≥2.0m的地坎，属于其他用地中的田坎用地。

（6）直接用于作物栽培等农业生产的设施及附属设施用地，直接用于设施农业项目辅助生产的设施用地，晾晒场、粮食果品烘干设施、粮食和农资临时存放场所、大型农机具临时存放场所等规模化粮食生产所必需的配套设施用地，属于其他用地中的设施农用地。

【条文】6.1.6 农田基础设施建设工程使用年限指高标准农田各项工程设施按设计标准建成后，在常规维护条件下能够正常发挥效益的最低年限。各项工程设施使用年限应符合相关专业标准规定，整体工程使用年限一般不低于15年。

【要点说明】田块整治、灌溉与排水、田间道路、农田防护与生态环境保护、农田输配电及其他工程的使用年限，均应符合相应的技术标准。各部分建设内容建成后形成高标准农田整体工程。本文件规定，整体工程使用年限一般不低于15年，这是在常规维护条件下能够正常发挥效益的最低年限。

6.2 田块整治工程

【条文】6.2.1 耕作田块是由田间末级固定沟、渠、路、田坎等围成的，满足农业作业需要的基本耕作单元。应因地制宜进行耕作田块布置，合理规划，提高田块归并程度，实现耕作田块相对集中。耕作田块的长度和宽度应根据气候条件、地形地貌、作物种类、机械作业、灌溉与排水效率等因素确定，并充分考虑水蚀、风蚀。

【要点说明】田块是满足农业作业需要的基本耕作单元。田块整治工程，首先应因地制宜进行耕作田块布置，合理规划，提高田块归并程度，实现耕作田块相对集中，以利于灌溉与排水、耕种收机械化作业，开展农田防护、生态环境保护和农业生产田间管理。

原《通则》规定，平原区条田长度宜为200m～1 000m，南方平原区宜为 100m～600m；条田宽度取决于机械作业宽度的倍数，宜为50m～300m。梯田田面长边宜平行等高线布置，长度宜为 100m～200m。田面宽度应便于机械作业和田间管理。水田格田长度宜为30m～120m，宽度宜为 20m～40m。修订认为，耕作田块的长度和宽度设计，应充分考虑气候条件、地形地貌、有效土层厚度、耕层厚度、作物种类、机械作业、灌溉与排水效率等因素确定，不宜做统一规定。建成后的高标准农田田块破碎度应降低，实现集中连片规模化经营。

田块布置应充分考虑水蚀、风蚀影响。水蚀是指土壤因降雨而松弛，或者被水流剥离，土壤粒子被冲到斜面下方，冲走的土壤积存到水道或下游流域。受水蚀影响后，不仅表土层受到影响，还会使土壤失去蓄水能力和养分保持力。风蚀是指地表松散物质被风吹扬或搬运的过程，以及地表受到风吹起颗粒的磨蚀作用，局部地块风蚀量与一定风向相对的地面宽度有关。风蚀会影响耕层厚度、有机质含量和耕地质量。一般认为，在水蚀较强的地区，田块长边宜与等高线平行布置，在风蚀地区，田块长边与主害风向交角应大于60°。

【条文】6.2.2 耕作田块应实现田面平整。田面高差、横向坡度和纵向坡度根据土壤条件和灌溉方式合理确定。

【要点说明】田面高差、横向坡度和纵向坡度是衡量田面是否平整的主要指标，需要根据土壤条件和灌溉方式确定。

地面灌溉方式对田面高差、横向坡度和纵向坡度要求较高，喷微灌方式基本上不受田面平整程度的影响。常用的地面灌溉方式包括畦灌、沟灌、格田灌等。随着灌溉技术的不断发展，地面灌溉方式也在不断改进，逐步发展形成了更加节水的长畦分段灌、水平畦灌、波涌畦灌、波涌沟灌、覆膜畦灌、覆膜沟灌等。畦灌通常适用于密植作物灌溉；沟灌通常适用于宽行距旱作物灌溉；格田灌溉通常适用于水稻及盐碱地冲洗灌溉。旱作沟畦灌溉应符合灌水沟畦对坡度的要求，采用波涌畦灌时，田面纵向坡度宜为 0.1％～0.6％，不宜存在局部倒坡或洼地。田面相对高程标准偏差宜小于60mm，水稻格田田面相对高程标准偏差宜小于20mm。

【条文】6.2.3 田块平整时不宜打乱表土层与心土层，确需打乱应先将表土进行剥离，单独堆放，待田块平整完成后，再将表土均匀摊铺到田面上。

【要点说明】土壤剖面的发生层划分见3.5要点说明。表土层亦称腐殖质-淋溶层，是熟化土壤的耕作层；心土层亦称淀积层，由承受表土淋溶下来的物质形成。本条强调土地平整时以不打乱表土层与心土层为宜。表土层是耕地最宝贵的部分，需精心保护。确需打乱表土层与心土层时，应先将表土进行剥离，单独堆放，待田块平整完成后，再将表土均匀摊铺到田面上。

【条文】6.2.4 田块整治后，有效土层厚度和耕层厚度应符合作物生长需要。

【要点说明】有效土层厚度和耕层厚度的内涵见3.5、3.6要点说明（图6-2）。本文件把有效土层厚度和耕层厚度作为田块整治工程的重要指标，根据作物生长需要，结合耕作实践，分区域提出了建设要求。有效土层厚度：东北区≥80cm，黄淮海区≥60cm，长江中下游区≥60cm，东南区≥60cm，西南区≥50cm，西北区≥60cm，

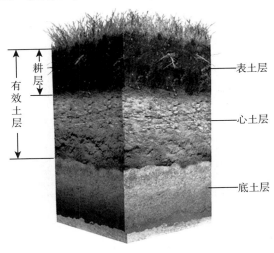

图6-2 耕层和有效土层示意图

青藏区≥30cm。耕层厚度：东北区平原区旱地、水浇地≥30cm，水田≥25cm；黄淮海区≥25cm，长江中下游区≥20cm，东南区≥20cm，西南区≥20cm，西北区≥25cm，青藏区≥20cm。

【条文】6.2.5 平原区以修筑条田为主；丘陵、山区以修筑梯田为主，并配套坡面防护设施，梯田田面长边宜平行等高线布置；水田区耕作田块内部宜布置格田。田面长度根据实际情况确定，宽度应便于机械作业和田间管理。

【要点说明】本条主要规定了平原区、丘陵、山区中条田、梯田、格田布置的原则要求。平原区以修筑条田为主，丘陵、山区以修筑梯田为主，东南区和西南区梯田化率应≥90%，水田区耕作田块内部宜布置格田。梯田田面长边宜平行等高线布置；田面长度根据实际情况确定，宽度应便于机械作业和田间管理。

修筑梯田应配套建设坡面防护设施。坡面防护设施是为防治坡面水土流失，保护、改良和合理利用坡面水土资源而采取的工程措施。主要包括护坡（为防止耕地边坡冲刷，在田块边缘铺砌砌块、栽种防护植物等措施）、截水沟（在坡地上沿等高线开挖用于拦截坡面雨水径流，并将雨水径流导引到蓄水池或排除的沟槽工程）、小型蓄水工程（在坡面上修建的拦蓄坡面径流、集蓄雨水资源的小型蓄水工程）、排洪沟（在坡面上修建的用以拦蓄、疏导坡地径流，并将雨水导入下游河道的沟槽工程）等。

【条文】6.2.6 地面坡度为5°～25°的坡耕地，宜改造成水平梯田。土层较薄时，宜先修筑成坡式梯田，再经逐年向下方翻土耕作，减缓田面坡度，逐步建成水平梯田。

【要点说明】坡耕地是指分布在山坡上，地面平整度差，跑水、跑肥、跑土突出，作物产量低的旱地。国家加强水土流失重点预防区和重点治理区的坡耕地改梯田、淤地坝等水土保持重点工程建设，加大生态修复力度。《中华人民共和国水土保持法》（2010年12月修订）规定，禁止在25°以上陡坡地开垦种植农作物。在禁止开垦坡度以下的坡耕地上开垦种植农作物的，应当根据不同情况，采取修建梯田、坡面水系整治、蓄水保土耕作或者退耕等措施。

将坡耕地修筑成梯田，可以截短坡长，改变地形坡度，拦蓄径流，提高防御暴雨冲刷能力，减少水土流失。可以保水、保土、保肥，改善土壤理化性能，提升地力，提高耕地质量等级，增产增收。可以改善生产条件，降低劳动强度，为机械化作业和农技推广创造条件，为集约化经营、农业结构调整、发展旱作农业奠定基础。

修筑梯田要特别强调因地制宜，山水田路林统一规划，坡面水系、田间道路综合配套，优化布局。梯田要田面平整、田坎坚固，地边埂高符合设计标准，并做到生土深翻、表土还原、路通水畅、宜机作业。梯田埂坎修筑一要强调就地取材，二要强调生态环保。

本条指出，地面坡度为5°～25°的坡耕地，改造成水平梯田是最终目的。土层较薄时，宜先修筑成坡式梯田，再经逐年向下方翻土耕作，减缓田面坡度，逐步建成水平梯田（图6-3、图6-4）。

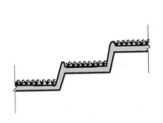

（a）水平梯田

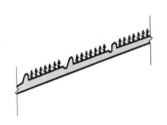

（b）坡式梯田

图6-3　梯田示意图

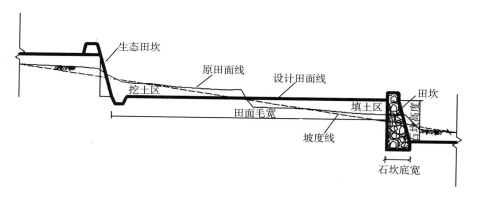

图 6-4 坡改梯工程示意图

【条文】6.2.7 梯田修筑应与沟道治理、坡面防护等工程相结合，提高防御暴雨冲刷能力。

【要点说明】梯田修筑应与沟道治理、坡面防护等工程相结合。沟道治理是为固定沟床、防治沟蚀、减轻山洪及泥沙危害，合理开发利用水土资源采取的工程措施，包括谷坊（横筑于易受侵蚀的小沟道或小溪中的小型固沟、拦泥、滞洪建筑物）、沟头防护（为防止径流冲刷引起沟头延伸和坡面侵蚀而采取的工程措施）等。坡面防护见6.2.5要点说明。

【条文】6.2.8 梯田埂坎宜采用土坎、石坎、土石混合坎或植物坎等。在土质黏性较好的区域，宜采用土坎；在易造成冲刷的土石山区，应结合石块、砾石的清理，就地取材修筑石坎；在土质稳定性较差、易造成水土流失的地区，宜采用石坎、土石混合坎或植物坎。

【要点说明】本条提出了采用土坎、石坎、土石混合坎、植物坎等（图6-5）建议，具体工程中可因地制宜选用。植物坎是生态型田坎，可根据田面宽度、田坎高度与坡度，选种经济价值高、固土能力强、对田区作物生长影响小的树、草种，发展田坎经济。

针对不同的区域，本文件给出了分区田块整治建设指标要求，见表6-2（节选自附录C）。

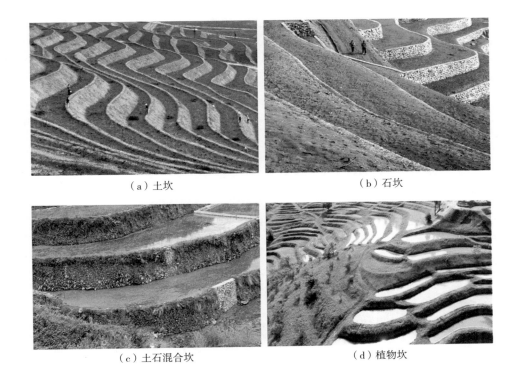

（a）土坎 （b）石坎

（c）土石混合坎 （d）植物坎

图6-5 梯田梗坎

表6-2 各区域高标准农田中田块整治工程建设要求

序号	区域	范围	田块整治工程
1	东北区	辽宁、吉林、黑龙江及内蒙古赤峰、通辽、兴安、呼伦贝尔盟（市）	1. 根据土壤条件和灌溉方式合理确定田面高差和田块横、纵向坡度； 2. 耕层厚度：平原区旱地、水浇地≥30cm，水田≥25cm； 3. 有效土层厚度：≥80cm
2	黄淮海区	北京、天津、河北、山东、河南	1. 根据土壤条件和灌溉方式合理确定田面高差和田块横、纵向坡度； 2. 耕层厚度：≥25cm； 3. 有效土层厚度：≥60cm
3	长江中下游区	上海、江苏、安徽、江西、湖北、湖南	1. 根据土壤条件和灌溉方式合理确定田面高差和田块横、纵向坡度； 2. 耕层厚度：≥20cm； 3. 有效土层厚度：≥60cm

（续）

序号	区域	范围	田块整治工程
4	东南区	浙江、福建、广东、海南	1. 根据土壤条件和灌溉方式合理确定田面高差和田块横、纵向坡度； 2. 耕层厚度：≥20cm； 3. 有效土层厚度：≥60cm； 4. 梯田化率≥90%
5	西南区	广西、重庆、四川、贵州、云南	1. 根据土壤条件和灌溉方式合理确定田面高差和田块横、纵向坡度； 2. 耕层厚度：≥20cm； 3. 有效土层厚度：≥50cm； 4. 梯田化率≥90%
6	西北区	山西、陕西、甘肃、宁夏、新疆（含新疆生产建设兵团）及内蒙古呼和浩特、锡林郭勒、包头、乌海、鄂尔多斯、巴彦淖尔、乌兰察布、阿拉善盟（市）	1. 根据土壤条件和灌溉方式合理确定田面高差和田块横、纵向坡度； 2. 耕层厚度：≥25cm； 3. 有效土层厚度：≥60cm
7	青藏区	西藏、青海	1. 根据土壤条件和灌溉方式合理确定田面高差和田块横、纵向坡度； 2. 耕层厚度：≥20cm； 3. 有效土层厚度：≥30cm

6.3 灌溉与排水工程

【条文】6.3.1 灌溉与排水工程指为防治农田旱、涝、渍和盐碱等对农业生产的危害所修建的水利设施，应遵循水土资源合理利用的原则，根据旱、涝、渍和盐碱综合治理的要求，结合田、路、林、电进行统一规划和综合布置。

【要点说明】修建灌溉与排水工程是防治农田旱、涝、渍和盐碱等对农业生产危害的有效措施之一。对农业生产来说，水资源和土地资源的承载力是相互耦合的，所以灌溉与排水工程的规划建设一定要遵循水土资源合理利用的原则，根据旱、涝、渍和盐碱综合治理的要求，对水源工程、灌排渠系及建筑物以及路、林、电、通信、管理设施等进行一体化系统规划，科学合理布置，为高标准农田提供完整、高效、协调的基础设施支撑。

【条文】**6.3.2** 灌溉与排水工程应配套完整，符合灌溉与排水系统水位、水量、流量、水质处理、运行、管理等要求，满足农业生产的需要。

【要点说明】灌溉与排水工程是一个系统工程（图6-6）。完整的灌溉与排水工程应包括水源工程、输（配）水工程、排水工程、

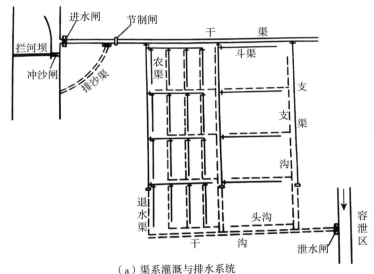

（a）渠系灌溉与排水系统

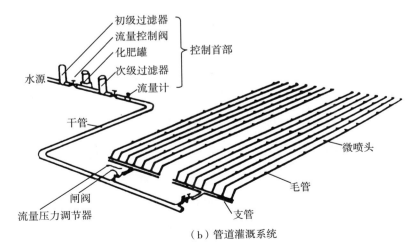

（b）管道灌溉系统

图6-6 灌溉排水工程示意图

渠（沟）系建筑物工程、田间灌排工程等。灌溉与排水工程配套既要符合灌溉与排水系统水位、水量、流量、水质、运行、管理等要求，又要满足现代农业生产的实际需要，为提升农田综合生产能力提供有力保障。

【条文】6.3.3　灌溉工程设计时应首先确定灌溉设计保证率。灌溉设计保证率按附录C各区域建设要求执行。

【要点说明】长期以来，我国灌溉工程均采用灌溉设计保证率进行设计。灌溉设计保证率是指预期灌溉用水量在多年灌溉中能够得到充分满足的概率，用设计灌溉用水量全部获得满足的年数占计算总年数的百分率表示。灌溉设计保证率可根据水文气象、水土资源、作物组成、灌溉规模及经济效益等因素，按表6-3确定；也可采用经验频率法计算，计算系列年数一般不少于30年。

表6-3　灌溉设计保证率取值

灌溉方式	地区	作物种类	灌溉设计保证率（%）
地面灌溉	干旱地区或水资源紧缺地区	以旱作为主	50～75
		以水稻为主	70～80
	半干旱、半湿润地区或水资源不稳定地区	以旱作为主	70～80
		以水稻为主	75～85
	湿润地区或水资源丰富地区	以旱作为主	75～85
		以水稻为主	80～95
	各类地区	牧草和林地	50～75
喷灌、微灌	各类地区	各类作物	85～95

注：本表选自《灌溉与排水工程设计标准》（GB 50288）。

由于各年降雨量、蒸发量、气温、湿度等气象和水文条件的不同，水源供水量和灌溉用水量都有差异。在设计灌溉工程时，在一定的气象和农业生产条件下，为了使工程既能发挥较大效益又技术经济合理，一般需要选择一个合理的典型年份作为设计灌溉工程供需水量的依据，根据以往若干年份的气象、水文等观测资料，通常采用数理统计的方法，合理选取有一定出现概率的水文年份，以此作为灌溉工程设计的标准。

GB 50288 按照降雨和水资源丰缺程度，分区给出了灌溉设计保证率取值范围。本文件按照气候条件、地形地貌、障碍因素和水源条件划分了全国高标准农田建设区域。为了方便高标准农田工程的设计与建设工作，本文件依据 GB 50288 的基本规定，并考虑各区域农业的实际情况进行了细分，其中：

（1）东北区，包括辽宁、吉林、黑龙江及内蒙古赤峰、通辽、兴安、呼伦贝尔盟（市）。该区属于半干旱、半湿润区，但水资源条件优于黄淮海地区，所以灌溉设计保证率取以旱作物为主的上限，以水稻为主的中间值，确定为≥80%。

（2）黄淮海区，包括北京、天津、河北、山东、河南。该区属于半干旱、半湿润区，但水资源相对紧缺，部分地区地下水超采严重，农业种植严格控制高耗水作物，灌溉设计保证率取以旱作物为主的中值，确定为≥75%，水资源紧缺地区取干旱地区以旱作为主的下限，确定为≥50%。

（3）长江中下游区，包括上海、江苏、安徽、江西、湖北、湖南。该区属于亚热带季风气候，夏季高温多雨，冬季温和少雨，四季分明，降水丰沛，年降水量在 1 000mm 以上，一般 7 月以后梅雨结束，受副热带高气压控制，天气晴热少雨，常常出现伏旱或伏秋连旱。此时正值中稻和晚稻生长需水量最大的时期，严重干旱可致使稻田龟裂，稻禾枯黄。所以灌溉设计保证率取以水稻为主的较高值，确定为≥90%。

（4）东南区，包括浙江、福建、广东、海南。该区属于亚热带季风气候，降水多，水资源比较丰富，但由于以喀斯特地貌为主，多溶洞，地表水渗漏严重，地形破碎，地表水不易储存，地形复杂造成水土资源组合不相协调、水资源开发难度较大，部分地区水资源紧缺，所以灌溉设计保证率取以水稻为主的中值，确定为≥85%。

（5）西南区，包括广西、重庆、四川、贵州、云南。该区主要受西南季风影响，绝大部分属于湿润、半湿润区，小部分属于干旱区，水资源较丰富，但由于降雨多集中于7月—9月，降雨与农业需水不相适应，易发生冬春旱；即使在雨季，暴雨过后，仍可能形成夏旱，所以水稻区灌溉设计保证率取低限值，确定为≥80％。

（6）西北区，包括山西、陕西、甘肃、宁夏、新疆（含新疆生产建设兵团）及内蒙古呼和浩特、锡林郭勒、包头、乌海、鄂尔多斯、巴彦淖尔、乌兰察布、阿拉善盟（市）。该区属于干旱区，降雨少、蒸发量大，水资源短缺严重，农业发展以种植旱作为主，所以灌溉设计保证率取低限值，确定为≥50％。

（7）青藏区，包括西藏、青海。该区水资源时空分布过于集中，河川径流年内分配不均，高原空气稀薄，气温低，灾害性天气多，山脉高大，水力资源开发利用条件较差，加之该地区生态脆弱，所以灌溉设计保证率取低限值，确定为≥50％。

【条文】**6.3.4** 水源选择应根据当地实际情况，选用能满足灌溉用水要求的水源，水质应符合 GB 5084 的规定。水源利用应以地表水为主，地下水为辅，严格控制开采深层地下水。水源配置应考虑地形条件、水源特点等因素，合理选用蓄、引、提或组合的方式。水资源论证应按 SL/T 769 规定执行。

【要点说明】水源是可用于灌溉的天然水资源和经过处理并达到利用标准的再生水的总称。天然水资源中可用于灌溉的水体，有地表水、地下水两种。地表水包括河川径流、湖泊和汇流过程中拦蓄的地表径流。地下水有浅层地下水和深层地下水。城市再生水和灌溉回归水用于灌溉，是水资源的重复利用。

灌溉水源应在水量和水质两方面满足灌溉的要求。当地天然来水在水量、时间分布、地理位置与作物灌溉需求不适应、不匹配时，通常需建设蓄水工程调节天然来水状况，以丰补歉，满足农田灌溉用水需求；当地水源不足时，也可修建远距离引水工程以适应水土资源在地理位置上的不匹配；当水源高程低于灌溉农田时，可修建提水工程以满足农田灌溉要求。在条件许可时，也可修建蓄、引、提相结合的灌溉工程系统，优化配置，充分利用水资源。灌溉水源的水质，如水的化学、物理性状，水中含有污染物的成分及其含量等，对农业生产会产生一定影响，应符合现行国家标准《农田灌溉水质标准》（GB 5084）的规定。灌溉水源应加强保护，避免人为污染。当水质不能满足作物灌溉要求时，不能用于灌溉，可通过工程措施与生物措施加以改善，符合标准后方可用于灌溉。

降水是地表水源的主要补给来源，量大、使用成本低廉，获取方便。农田灌溉应优先使用地表水，以地下水为补充。

地下水是接受降雨入渗、河道渗漏、灌溉渗漏、山前侧渗等补给，形成存在于地壳表层含水层（第四季松散岩体）中的水资源。其中浅层地下水与降水和地表水有着密切的联系，补给条件好，容易更新，地下水位埋藏深度相对较浅，是我国华北和东北平原地区发展灌溉的重要水源。深层地下水补给距离长，不易更新，一般不宜作为灌溉常备水源，严格控制开采，禁止开采难以更新的深层地下水。

水资源平衡分析应重点分析灌溉设计保证率条件下的可供水量和需水量，并实现供需平衡。新建灌排工程必须进行水资源论证，改建工程应进行水资源供需平衡复核。水资源论证应按 SL/T 769 规定执行。

【条文】6.3.5 水源工程应根据水源条件、取水方式、灌溉规模及综合利用要求，选用经济合理的工程形式。水源工程建设符合下列要求。

——井灌工程的泵、动力输变电设备和井房等配套率应达到 100%。

——塘堰（坝）容量应小于 100 000m³，挡水、泄水和放水建筑物等应配套齐全。

——蓄水池容量应控制在 10 000m³ 以下，四周应修建高度 1.2m 以上的防护栏，并在醒目位置设置安全警示标识。

——小型集雨池（窖）、水柜等容量不宜大于 500m³。集雨场、引水沟、沉沙池、防护围栏、取用水设施等应配套齐全，相关设计应符合 GB/T 50596 的规定。

——斗渠（含）以下引水和提水泵站的设计流量或装机容量应根据灌溉设计保证率、设计灌水率、设计灌溉面积、灌溉水利用系数及灌溉区域内调蓄容积等综合分析后计算确定，引水设计流量应与上级支渠、干渠等骨干工程输配水衔接，提水泵站的装机容量宜控制在 200kW 以下，泵站设计应符合 GB 50265 的规定。

——机井设计应根据水文地质条件和地下水资源利用规划，按照合理开发、采补平衡的原则确定经济合理的地下水开采规模和主要设计参数。机井设计应符合 GB/T 50625 的规定。

【要点说明】水源工程按工程特点分为蓄水工程、自流引水工程（无坝自流引水工程、有坝自流引水工程）、提水工程、地下水开发工程和调水工程。高标准农田建设中的水利工程属于小型农田水利工程，可分为小型蓄水工程、小型自流引水工程、小型提水工程、机井工程等。水源工程的形式可根据水资源条件、灌溉规模及综合利用要求，坚持因地制宜原则，经技术经济比较，合理选用蓄水工程、引水工程、提水工程、机井工程单一类型或不同形式组合。

（1）小型蓄水工程。小型蓄水工程包括容量小于 100 000m³ 的塘堰（坝），容量小于 10 000m³ 的蓄水池，容量小于 500m³ 的小型集雨池（窖）、水柜（图 6-7）。蓄水工程的容量是根据农田用水特征，从水利工程安全角度考虑确定的一个限定值。高于新《通则》限定值的，应按照骨干水利工程开展工程设计，并须符合水利工程相关规定。

（a）塘堰（坝）　　　　　　　　　（b）蓄水池

（c）集雨窖　　　　　　　（d）雨水集流系统示意图

图 6-7　小型蓄水工程

（2）小型自流引水工程。

①无坝引水工程：河道的水位和流量能满足取水要求、无须建坝抬高水位的引水工程。工程施工较简单，能就地取材，对地质条件要求不高，适宜于河流水源丰富，水位、流量均能满足灌溉用水要求的河流下游或平原地区采用。

②有坝引水工程：当河流水源虽较丰富，但水位不能满足灌溉要求时，则需在河道上修建壅水建筑物（坝或水闸），抬高水位，以便引水自流灌溉。有坝引水工程主要由拦河坝、进水闸、冲沙闸、防洪堤等建筑物组成。

（3）小型提水工程。小型提水工程主要是指装机流量小于 $2m^3/s$，装机容量宜控制在 200kW 以下的小型泵站。泵站的组成要素主要有水泵、进出水池、泵房、附属设备、运行管理设施等 5 项（图 6-8）。

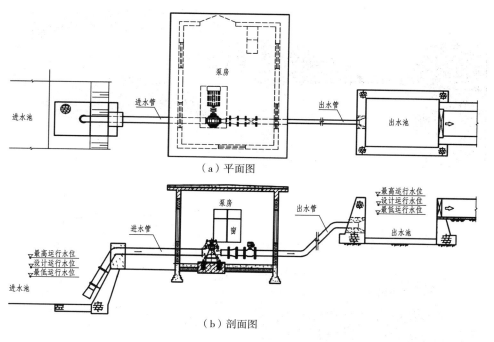

（a）平面图

（b）剖面图

图 6-8　泵站示意图

（4）机井。机井是利用动力机械驱动水泵提水的水井（图6-9）。为了保护井灌区地下水环境，机井设计应根据水文地质条件和地下

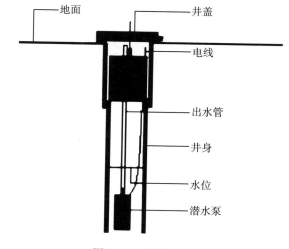

图 6-9　机井示意图

水资源利用规划，按照合理开发、采补平衡的原则确定经济合理的地下水开采规模和主要设计参数。利用机井灌溉时，泵、动力输变电设备和井房等要配套完整。

【条文】6.3.6 渠（沟）道、管道工程应按灌溉与排水规模、地形条件、宜机作业和耕作要求合理布置。工程建设符合下列要求。

——在固定输水渠道上的分水、控水、量水、衔接和交叉等建筑物应配套齐全。

——平原地区斗渠（沟）以下各级渠（沟）宜相互垂直，斗渠（沟）长度宜为 1 000m～3 000m，间距应与农渠（沟）长度相适宜；农渠（沟）长度、间距应与条田的长度、宽度相适宜。河谷冲积平原区、低山丘陵区的斗、农渠（沟）长度可适当缩短。

——斗渠和农渠等固定渠道宜综合考虑生产与生态需要，因地制宜进行衬砌处理。防渗应满足 GB/T 50600 的规定。

——采用管道输水灌溉，管道系统应结合地形、水源位置、田块形状及沟、路走向优化布置。支管上布置出水口，单个出水口的出水量应通过控制灌溉的格田面积、作物类型、灌水定额计算确定。各用水单位应独立配水。管道系统宜采用干管续灌、支管轮灌的工作制度。规模不大的管道系统可采用续灌工作制度。管道输水灌溉工程建设应按 GB/T 20203 规定执行。

——季节性冻土区，冻土深度大于 10cm 的衬砌渠道应进行抗冻胀设计。冻土深度小于 1.5m 的地区，固定管道应埋在冻土层以下，且顶部覆土厚度不小于 70cm，管道系统末端需布置泄水井；冻土深度大于或等于 1.5m 的地区，固定管道抗冻要求，按 GB 50288 规定执行。

【要点说明】(1) 灌溉渠（管）道的布置应根据灌域的地形、地势、地质等自然条件和社会状况进行，斗渠宜与等高线垂直交叉布置，渠线宜短而平顺，有利于机耕。渠系建筑物应配套齐全。

(2) GB/T 50600 规定，渠道防渗衬砌工程应坚持因地制宜、经济合理、经久耐用、运用安全、管理方便的原则，体现绿色、生态和节能等理念，积极采用成熟的新技术、新材料和新工艺，不断提高渠道防渗衬砌技术水平。GB/T 50363 规定，渠道防渗衬砌工程应满足灌域总体布置要求，并结合当地的地形、地质、土壤、气温、地下水位等自然条件，以及渠道的大小、耐久性、防渗性等工程要求，水资源供需、地表水和地下水联合运用的情况，社会经济生态环境等因素，确定防渗工程的总体布局方案。

对田间灌溉工程而言，要根据高标准农田的田、林、路和机械化耕作要求，布置斗渠、农渠（图 6-10）。其中，斗渠的长度随地形变化较大，平原区相对较长，山丘区相对较短，综合考虑各地的经验，长度宜为 1 000m～3 000m；斗渠的间距主要根据机耕要求确定，和农渠的长度相适应。农渠是末级固定渠道，控制范围为一个耕作单元，长度根据机耕要求确定，平原区长度宜为 500m～1 000m，间距 200m～400m，山地丘陵区适当缩小。有控制地下水位要求的地区，农渠间距宜根据农沟间距确定。

（3）斗渠和农渠是否防渗衬砌要视当地水资源状况、土壤质地、供水要求，并综合考虑生产与生态需要确定。水资源严重紧缺地区、渠基不稳定和渠床渗漏损失比较大的渠道应进行防渗，井灌区固定渠道应全部防渗，防渗后渠系水利用系数应满足 GB/T 50363 的要求。防渗结构应遵循经济适用的原则，根据当地的自然条件、生产条件、社会经济条件、工程技术要求、地表水和地下水联合运用情况以及生态环境因素等，通过技术经济论证选定。防渗应满足 GB/T 50600 的规定。

（4）管网布置形式应根据水源位置、地形、地貌、田间工程配套和用户用水情况，通过方案比较确定。应力求管道总长度短、管线平直，少穿越其他障碍物，输配水管道沿地势较高位置布置，有利于防止或减轻水锤作用。管道布置宜平行于沟、渠、路，应避开填方区和可能产生滑坡或受山洪威胁的地带。管道布置应与地形坡

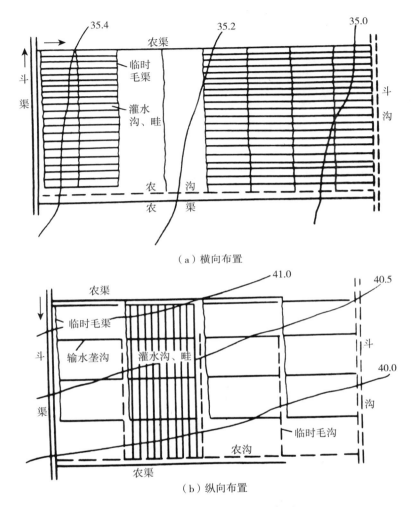

（a）横向布置

（b）纵向布置

图 6-10 田间渠系布局示意图

度相适应。在平坦地形区，干管或支管宜垂直于等高线布置；山地丘陵区，干管宜垂直于等高线布置，支管宜平行于等高线布置。管道级数应根据系统控制面积、地形条件等因素确定。田间固定管道长度宜为 $90m/ha^*$ ～$180m/ha$，山地丘陵区可依据实际情况适当增加。地形复杂或其他原因造成管道压力变化较大的系统，可根据各

---

* 公顷的国际通用符号为 ha，我国的法定计量单位符号是 hm^2。

管段的压力范围选择不同类型和材质的管道。管道灌溉系统宜采用轮灌方式进行灌溉。规模较小的管道灌溉系统可采用续灌方式。

（5）季节性冻土区，农田水利工程极易受冻胀的影响，造成工程损坏，使用寿命缩短。因此，GB/T 50363 规定，冻土深度大于10cm 的衬砌渠道应进行抗冻胀设计。GB/T 50288 还规定冻土深度小于 1.5m 的地区，固定管道应埋在冻土层以下，且顶部覆土厚度应满足最大耕作深度要求，应不小于 0.7m，管道系统末端需布置泄水井；冻土深度大于 1.5m～2.0m 的地区，管顶覆土可小于冻土深度，冬季可采用放空办法运行，管道和管件内不得有存水，管道与管件满足抗冻要求。

【条文】6.3.7　渠系建筑物指斗渠（含）以下渠道的建筑物，主要包括农桥、渡槽、倒虹吸管、涵洞、水闸、跌水与陡坡、量水设施等，工程设计按 SL 482 规定执行，工程建设符合下列要求。

——渠系建筑物使用年限应与灌溉与排水系统主体工程相一致。

——农桥桥长应与所跨沟渠宽度相适应，桥宽宜与所连接道路的宽度相适应。荷载应按不同类型及最不利组合确定。

——渡槽应根据实际情况，采取具有抗渗、抗冻、抗磨、抗侵蚀等功能的建筑材料及成熟实用的结构型式修建。

——倒虹吸管应根据水头和跨度，因地制宜采用不同的布置型式，进口处宜根据水源情况设置沉沙池、拦渣设施，管身最低处设冲沙阀。

——涵洞应根据无压或有压要求确定拱形、圆形或矩形等横断面形式，涵洞的过流能力应与渠（沟）道的过流能力相匹配。承压较大的涵洞应使用钢筋混凝土管涵、方涵或其他耐压管涵，管涵应设混凝土或砌石管座。

——在灌溉渠道轮灌组分界处或渠道断面变化较大的地点应设置节制闸，在分水渠道的进口处宜设置分水闸，在斗渠末端的位置宜设置退水闸，从水源引水进入渠道时宜设置进水闸控制入渠流量。

——跌水和陡坡应采用砌石、混凝土等抗冲耐磨材料建造。

——渠灌区在渠道的引水、分水、退水处应根据需要设置量水堰、量水槽等量水设施，井灌区应根据需要设置管道式量水仪表。

【要点说明】（1）渠系建筑物主要指斗渠（含）以下的固定渠道的建筑物，常用的有农桥、渡槽、倒虹吸管、涵洞、水闸、跌水与陡坡、量水设施等，渠系建筑物设计应符合所在渠道工程总体设计、水土保持和环境保护等方面的要求。建筑物使用年限应与灌排系统主体工程一致。

（2）农桥是指四级公路以下的乡村道路和渠堤专用检修路上的桥梁（图 6-11）。跨渠桥的桥位应选在渠线顺直、水流平缓、渠床及两岸地质条件良好的渠段上。桥梁与渠道的纵轴线宜为正交，当斜交不可避免时，其相交的锐角应大于45°。桥面总宽度依交通量和所连接的道路宽度决定，不宜超过6m。汽车荷载等级可采用现行行业标准《公路桥涵设计通用规范》（JTG D60）公路-II级荷载标准，人群荷载标准值应为 4.0kN/m^2。

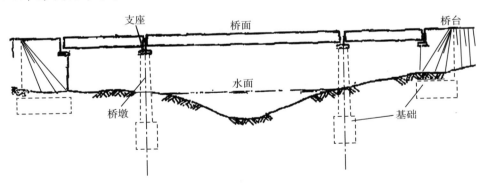

图 6-11　农桥示意图

（3）渡槽设计应根据渡槽所处的环境条件类别和运用要求，对使用的圬工材料提出抗渗、抗冻、抗磨、抗侵蚀要求，并采取相应的构造措施。渡槽应选择技术经济条件最佳的槽址和结构型式（图 6-12），且应控制和减少永久占地、植被破坏、弃渣流失等环境污染。渡槽结构型式应根据渡槽级别、规模、地形、地质、地震、建筑材料、施工方法、环境条件、工期造价及运行管理要求等因素，因地制宜，经技术经济比较后确定。

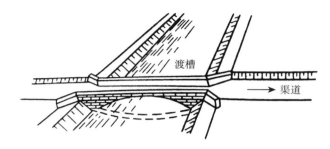

图 6-12　渡槽示意图

（4）高水头、大跨度的倒虹吸管宜选取沿稳定且坡度合适的原状土两岸坡铺设坡面管道、设桥架管或河底埋管通过河沟、渠道的布置形式（图 6-13）。低水头倒虹吸管水平底管的两端可用矩形直井或缓坡池代替坡面管道。

图 6-13　倒虹吸管示意图

（5）同一座涵洞宜采用同一断面形式。在满足过流能力条件下其横断面应优先选用单孔断面，当流量较大或涵洞高度受限时可选用相同的多孔断面。在过水能力相同的条件下，单孔涵洞比多孔涵洞经济，应优先选取单孔涵方案。涵洞的水流形态与洞形选择是相互关联的，应统筹考虑。涵洞一般优先选用无压流态。小流量涵洞宜采用预制圆管涵；无压涵当洞顶填土高度较小时宜选用盖板涵洞或箱涵，涵顶填土高度较大时宜采用城门洞形、蛋形（高升拱）或管涵；有压涵洞应选用管涵或箱涵；拱涵或四铰涵不应使用于沉陷量大的地基上；无压涵洞内设计水面以上的净空面积宜取涵洞断面面积的 10%～30%，且涵洞内顶点至最高水面之间的净空高度应符合 GB 50288 的规定（图 6-14）。

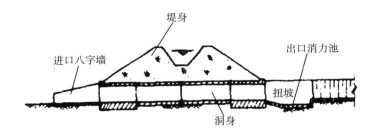

图 6-14　涵洞示意图

（6）常用的水闸包括节制闸、分水闸、泄水闸、进水闸等（图 6-15）。节制闸应设在灌溉渠道轮灌组分界处、渠道断面急剧变化处、泄水闸或分水闸的被泄（分）水渠道下游侧处等需要雍高水位、调节或截断渠道水流的位置。分水闸应设在分水渠道的进口处。宜将多条分水渠道的首部集中，按单向、双向、多向分水，也可增设节制闸。泄水闸（退水闸）应设在渠道流经特殊渠段和重要渠系建筑物的上游渠侧，及重要的斗渠和斗渠以上渠道末端。

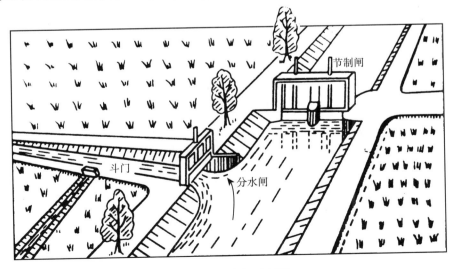

图 6-15　水闸示意图

（7）组成跌水与陡坡各段可选用不同的建筑材料，分别满足抗冲耐磨、抗渗、抗冻要求。跌水与陡坡宜选取高差集中、边坡稳定、地基坚实、地下水位低的地方，采用明流开敞式布置（图 6 - 16）。跌差小于 5m，要求消能效果较好时宜采用单级跌水，跌差大于或等于 5m 时宜采用多级跌水或符合斜坡地形的陡坡。

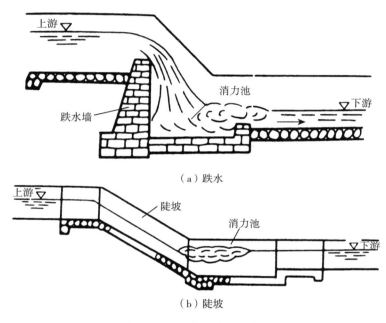

（a）跌水

（b）陡坡

图 6 - 16　跌水和陡坡示意图

（8）量水测站宜设在渠系建筑物和水量交接处。量水设施包括量水堰、量水槽、渠系建筑物、量水仪表等。量水的主要技术要素，主要量水设施及仪器的使用方法、要求和指标按 GB/T 21303 规定执行。

【条文】6.3.8　应推广节水灌溉技术，提高水资源利用效率，因地制宜采取渠道防渗、管道输水灌溉、喷微灌等节水灌溉措施，灌溉水利用系数应符合 GB/T 50363 的规定。

【要点说明】按照目前灌溉用水水平，到 2030 年，全国多年平均农业缺水量约为 300 亿 m³。我国要保障粮食安全，必须大力发展节水灌溉，提高水资源利用效率，缓解农业水资源供需矛盾。节水灌溉主要方式有渠道防渗、低压管道输水灌溉、喷灌、微灌等（图6-17）。按照GB/T 50363的规定，灌溉水利用系数应符合下列规定：渠道防渗输水灌溉工程，灌域超过30万亩的不应低于0.50，1万～30万亩的不应低于0.60，1万亩以下的不应低于0.70。其中，地下水灌溉的不应低于0.80，管道输水灌溉工程不应低于0.80，喷灌工程不应低于0.80，微灌工程不应低于0.85，滴灌工程不应低于0.90。

（a）喷灌　　　　　　　　　　　　（b）滴灌

图6-17　节水灌溉

【条文】**6.3.9**　应根据气象、作物、地形、土壤、水源、水质及农业生产、发展、管理和经济社会等条件综合分析确定田间灌溉方式。地面灌溉工程建设应按GB 50288规定执行，喷灌工程建设应按GB/T 50085规定执行，滴灌、微喷和小管出流等形式的微灌工程建设应按GB/T 50485规定执行，管道输水灌溉工程建设应按GB/T 20203规定执行。

【要点说明】　应综合考虑水源、水质、地形、土壤、气象、作物、耕作措施、农村和农业经济发展水平、农业生产经营管理体制、当地水利工程运行管理水平、用户意愿等，因地制宜、合理选择节水灌溉工程类型。其中，输水损失大且无地下水回补要求的固定渠道宜采用渠道防渗输水工程；井灌区、泵站扬水灌区、山地丘陵区自流灌区宜采用管道输水工程；灌溉水源缺乏的地区、受土壤或地形限制难以进行田块平整的地区、具备有压水流条件的地区、集中连片作物种植区的地区宜采用喷微灌工程；农业规模化经营且经济价值较高的作物种植区或水资源紧缺地区宜采用微灌工程。采用地面灌溉的区域，应大力推广应用改进型地面灌溉技术，水稻灌区宜采用水稻节水与控制灌溉技术。

【条文】6.3.10 农田排水标准应根据农业生产实际、当地或邻近类似地区排水试验资料和实践经验、农业基础条件等综合论证确定。

【要点说明】农田排水的主要作用是排除农田里多余的地表水和控制地下水位。控制地表径流以消除内涝，控制地下水位以防治渍害和土壤沼泽化、盐碱化，为改善农业生产条件和保证高产稳产创造良好条件。

排水标准的确定涉及工程规模、投资、运行费用和排水效益的大小。排水标准过低不利于防灾减灾，过高则工程技术经济不合理、增加运行维护成本等。同时，农田排水与灌溉、防洪、环境保护、地区的社会经济发展等关系密切，因此排水标准确定除应符合 SL/T 4、SL 723 的规定外，还要综合考虑自然、社会、经济、环境、生态和技术等方面的因素，根据社会经济、农业生产、未来发展及其对农田排水的要求和排区特点、现有排水设施状况、承泄区形式和分布等，通过当地或邻近类似地区排水试验资料和实践经验选定排水标准。

排涝标准一般有三种表达方式：一是以排水区发生一定重现期的暴雨，农作物不受涝灾作为设计排涝标准；二是以排水区农作物不受涝灾的保证率作为设计排涝标准；三是以一定量暴雨或涝灾严重的典型年作为排涝设计标准。目前，我国对设计排涝标准没有统一规定，使用最普遍的是第一种表达方式。

排渍是用农作物设计排渍深度作为标准。

【条文】6.3.11 排水工程设计应符合下列规定：

——排水应满足农田积水不超过作物最大耐淹水深和耐淹时间，

由设计暴雨重现期、设计暴雨历时和排除时间确定，具体按附录 C 各建设区域要求执行。

——治渍排水工程，应根据农作物全生育期要求确定最大排渍深度，可视作物根深不同而选用 0.8m～1.3m。农田排渍标准，旱作区在作物对渍害敏感期间可采用 3d～4d 内将地下水埋深降至田面以下 0.4m～0.6m；稻作区在晒田期 3d～5d 内降至田面以下 0.4m～0.6m。

——防治土壤次生盐渍（碱）化或改良盐渍（碱）土的地区，排水要求应按 GB 50288 规定执行。地下水位控制深度应根据地下水矿化度、土壤质地及剖面构型、灌溉制度、自然降水及气候情况、农作物种植制度等综合确定。

【要点说明】设计暴雨重现期应根据排区耕地面积和作物种类，按 SL 723 的相关规定确定，一般为 10 年～5 年，设计暴雨的历时为 1d～3d。对于作物经济价值较高、遭受涝灾后损失较大、经济发达地区或有特殊要求的排区，经技术经济论证后，设计暴雨重现期可适当提高，但不宜超过 20 年。

排涝时间应按发生雨涝时农作物不同生育期的耐淹水深和耐淹历时确定，按 SL/T 4 附录 D 确定。由于各地的工程基础不同，雨情和灾情不同，农业发展对排涝的要求也不尽相同，应因地制宜地通过综合分析后慎重确定。一般旱作区可采用 1d～3d 排除，经济作物种植区可采用 1d 排除，稻作区可采用 3d～5d 排至允许蓄水深度。关于排水的起始时间应理解为排水区低洼处农田达到耐淹水深时即开始排水并在规定的时间内排除涝水。

治渍排水工程控制标准应根据农作物全生育期要求的最大排渍深度确定，可视作物根深选用 0.8m～1.3m。旱作区在作物对渍害敏感期间可采用 3d～4d 内将地下水埋深降至田面以下 0.4m～0.6m；稻作区在晒田期 3d～5d 内降至田面以下 0.4m～0.6m；水稻淹灌期的适宜渗漏率可选用 2mm/d～8mm/d，黏性土取较小值，沙性土取较大值。农业机械作业要求的排渍深度，应控制在 0.6m～0.8m，排渍时间可根据耕作要求确定。

防止土壤发生盐碱化的最小地下水埋深称为地下水临界深度。在土壤、地下水矿化度和耕作措施等因素一定的条件下，地表的积盐速度和积盐总量取决于地下水的蒸发量。地下水临界深度应根据土壤质地、地下水矿化度、降雨、灌溉、蒸发和农业措施等因素，通过现场试验确定；也可按 SL/T 4 附录 F 选用。在蒸发强烈地区宜取较大值，反之宜取较小值。

【条文】6.3.12　田间排水应按照排涝、排渍、改良盐碱地或防治土壤盐碱化任务要求，根据涝、渍、碱的成因，结合地形、降水、土壤、水文地质条件，兼顾生物多样性保护，因地制宜选择水平或垂直排水、自流、抽排或相结合的方式，采取明沟、暗管、排水井等工程措施。在无塌坡或塌坡易于处理地区或地段，宜采用明沟排水；采用明沟降低地下水位不易达到设计控制深度，或明沟断面结构不稳定塌坡不易处理时，宜采用暗管排水；采用明沟或暗管降低地下水位不易达到设计控制深度，且含水层的水质和出水条件较好的地区可采用井排。采用明沟排水时，排水沟布置应与田间渠、路、林相协调，在平原地区一般与灌溉渠系相分离，在丘陵山区可选用灌排兼用或灌排分离的形式。排水沟可采取生态型结构，减少对生态环境的影响。

【要点说明】由于我国地域辽阔，各地自然条件差异很大，不同地区存在的排水问题不尽相同，相应的工程措施也有差异，应针对当地的特点提出切合实际的总体治理方案。

盐碱化土壤的治理，除采取冲洗改良和有效调控地下水位的排水措施外，还应与灌溉、农业和生物等措施紧密结合，进行综合治理，这是我国长期实践的经验总结。碱化土还应采用适当的化学剂才能取得较好的改良效果。

平原地区通常坡降较小，排水不畅。由于各地区的土壤、水文地质和水文气象等条件差异较大，因而在涝碱共存和涝渍共存地区应建立排涝和调控地下水位的排水系统，同时，应因地制宜采取综合治理措施。

沿江滨湖地区因受外来洪水和内部雨涝威胁，历来多采用建圩的办法来治理，即用圩堤防洪为基础，在圩内进行排水治理，总结出如"四分开、两控制"等成功经验，即内外水分开、高低地分开、灌排水分开、水旱田分开，以控制内河水位和地下水位，为圩区农业生产创造良好条件。随着生产实践和科学实验的深入，进而认识到涝与渍的密切关系，因而按"洪水挡得住、作物灌得上、内水排得出、地下水位降得下"的要求进行治理，从排水方面来看，就是洪、涝、渍兼治。

滨海地区因受潮水危害，河道水位常遭受顶托，造成农田排水困难。所以，滨海感潮区必须修建防洪挡潮闸等工程来控制水位、保护农田，在此基础上进行农田基本建设。从农田排水来说，应根据潮汐规律，统筹规划自排和抽排的时间，解决好排水出路问题。

咸酸田是滨海地区酸性硫酸盐土经人为围垦种植水稻后形成的水稻土，又称为酸性硫酸盐水稻土、反酸田、咸矾田、磺酸田等，是我国南方热带和亚热带滨海地区一种以反酸为主、兼有咸害的低产水稻土。咸酸田通常有"酸、咸、毒、渍、旱"等特点，特别是刚围垦的红树林沼泽地，熟化程度很低，因而要通过大量改土、灌排、化学及施肥等综合措施使土壤不断地脱沼、脱盐与脱酸，并逐步提高土壤生产力。排水措施是改造咸酸田的基础和成功关键，可总结为"以水洗咸洗酸，以水压咸压酸排毒"，主要是在筑堤防咸的前提下布置完善的排水系统，结合洗咸洗酸进行合理灌溉、排水。对于土壤 pH<5 的酸性土壤，尚应酌情采用化学改良措施，如施适量石灰等。

【条文】6.3.13　灌溉与排水设施以整洁实用为宜。渠道及渠系建筑物外观轮廓线顺直，表面平整；设备应布置紧凑，仪器仪表配备齐全。

【要点说明】灌溉与排水设施强调整洁实用，与周围环境相协调，但不单纯追求外形漂亮、线条优美。渠道及渠系建筑物外观要求轮廓线顺直，表面光滑平整，这样减少水流阻力，提高输水效率。设备尽量布置紧凑可以减少设施设备占地。仪器仪表要配备齐全，为灌溉排水管理、工程安全运行、灌区优化配水等提供必要手段和设备。

针对不同的区域，本文件给出了分区灌溉与排水工程建设指标要求，见表6-4（节选自附录C）。

表6-4　各区域高标准农田中灌溉与排水工程建设要求

序号	区域	范围	灌溉与排水工程
1	东北区	辽宁、吉林、黑龙江及内蒙古赤峰、通辽、兴安、呼伦贝尔盟（市）	1. 灌溉设计保证率：≥80%； 2. 排涝：旱作区农田排水设计暴雨重现期宜采用10年~5年，1d~3d暴雨从作物受淹起1d~3d排至田面无积水；水稻区农田排水设计暴雨重现期采用10年，1d~3d暴雨3d~5d排至作物耐淹水深
2	黄淮海区	北京、天津、河北、山东、河南	1. 灌溉设计保证率：水资源紧缺地区≥50%，其他地区≥75%； 2. 排涝：旱作区农田排水设计暴雨重现期宜采用10年~5年，1d~3d暴雨从作物受淹起1d~3d排至田面无积水
3	长江中下游区	上海、江苏、安徽、江西、湖北、湖南	1. 灌溉设计保证率：水稻区≥90%； 2. 排涝：旱作区农田排水设计暴雨重现期宜采用10年~5年，1d~3d暴雨从作物受淹起1d~3d排至田面无积水；水稻区农田排水设计暴雨重现期宜采用10年，1d~3d暴雨3d~5d排至作物耐淹水深
4	东南区	浙江、福建、广东、海南	1. 灌溉设计保证率：水稻区≥85%； 2. 排涝：旱作区农田排水设计暴雨重现期宜采用10年~5年，1d~3d暴雨从作物受淹起1d~3d排至田面无积水；水稻区农田排水设计暴雨重现期宜采用10年，1d~3d暴雨3d~5d排至作物耐淹水深

（续）

序号	区域	范围	灌溉与排水工程
5	西南区	广西、重庆、四川、贵州、云南	1. 灌溉设计保证率：水稻区≥80%； 2. 排涝：旱作区农田排水设计暴雨重现期宜采用 10 年～5 年，1d～3d 暴雨从作物受淹起 1d～3d 排至田面无积水；水稻区农田排水设计暴雨重现期宜采用 10 年，1d～3d 暴雨 3d～5d 排至作物耐淹水深
6	西北区	山西、陕西、甘肃、宁夏、新疆（含新疆生产建设兵团）及内蒙古呼和浩特、锡林郭勒、包头、乌海、鄂尔多斯、巴彦淖尔、乌兰察布、阿拉善盟（市）	1. 灌溉设计保证率：≥50%； 2. 排涝：旱作区农田排水设计暴雨重现期宜采用 10 年～5 年，1d～3d 暴雨从作物受淹起 1d～3d 排至田面无积水
7	青藏区	西藏、青海	1. 灌溉设计保证率：≥50%； 2. 排涝：旱作区农田排水设计暴雨重现期宜采用 10 年～5 年，1d～3d 暴雨从作物受淹起 1d～3d 排至田面无积水

6.4 田间道路工程

【条文】6.4.1 田间道路工程指为农田耕作、农业物资与农产品运输等农业生产活动所修建的交通设施。田间道路布置应适应农业现代化的需要，与田、水、林、电、路、村规划相衔接，统筹兼顾，合理确定田间道路的密度。

【要点说明】田间道路的主要功能是服务于农田耕作、农业物资与农产品运输，满足农业现代化的需要。田间道路工程的布局应力求使农民居住点、生产经营中心和田块之间保持便捷的交通联系，在设计时应与田、水、林、电、路、村规划相衔接，统筹兼顾，力求往返路程最短，道路面积和路网密度达到合理水平，确保农机具顺畅到达耕作田块，促进田间生产作业效率的提高和耕作成本的降低。

【条文】6.4.2 田间道路通达度指在高标准农田建设区域，田间道路直接通达的耕作田块数占耕作田块总数的比例，按附录 C 各建设区域要求执行。

【要点说明】田间道路通达度是高标准农田一项重要指标，直接反映农田适宜机械耕作的便利程度。本文件规定，平原区应为100%；东北丘陵漫岗区、黄淮海区、长江中下游区、东南区的丘陵区和西南山地丘陵区、西北丘陵沟壑区、青藏山地丘陵区均需≥90%。

【条文】**6.4.3** 田间道路工程应减少占地面积，宜与沟渠、林带结合布置，提高土地节约集约利用率。应符合宜机作业要求，设置必要的下田设施、错车点和末端掉头点。

【要点说明】本文件规定，田间基础设施占地率一般不高于8%，对田间道路占地提出了很高要求。田间道路设计时还应统筹考虑与水、林、电等规划的衔接，在确保合理的田间道路面积与田间道路密度的情况下，尽量减少道路占地面积，与沟渠、林带结合布置，避免或减少道路跨越沟渠，减少桥涵闸等交叉工程，提高土地集约化利用率。

为便于农机具田间作业和农资、农产品运输车辆通行，田间道路应设置必要的下田坡道、下田管涵等设施，设置必要的错车点和末端掉头点。

【条文】**6.4.4** 田间道（机耕路）、生产路的路面宽度按附录C各建设区域要求执行。在大型机械化作业区，路面宽度可适当放宽。

【要点说明】田间道（机耕路）、生产路的路面宽度以适合农机具田间作业和农资、农产品运输车辆通行为宜，不宜过宽，尽量减少道路占地面积，应尽可能通过错车点、掉头点等解决双向通行路宽不足问题。在大型机械化作业区，路面宽度可适当放宽。本文件规定，东北区和黄淮海区机耕路宜为4m～6m，其他区域机耕路宜为3m～6m。生产路均应≤3m。

【条文】**6.4.5** 田间道（机耕路）与田面之间高差大于0.5m或存在宽度（深度）大于0.5m的沟渠，宜结合实际合理设置下田坡道或下田管涵。

【要点说明】 田间道（机耕路）与田面之间高差大于 0.5m，或存在宽度（深度）大于 0.5m 的沟渠，农机具和运输车辆进出农田较为不便。宜结合实际合理设置下田坡道或管涵，以便农机具和运输车辆下田。

【条文】6.4.6 田间道（机耕路）路面应满足强度、稳定性和平整度的要求，宜采用泥结石、碎石等材质和车辙路（轨迹路）、砌石（块）间隔铺装等生态化结构。根据路面类型和荷载要求，推广应用生物凝结技术、透水路面等生态化设计。在暴雨冲刷严重的区域，可采用混凝土硬化路面。道路两侧可视情况设置路肩，路肩宽宜为 30cm～50cm。

【要点说明】 田间道（机耕路）是连接田块与村庄、田块之间，供农田耕作、农用物资和农产品运输通行的道路。路面设计，应充分考虑通行的农机具和运输车辆荷载，满足强度、稳定性和平整度的要求（图 6-18）。

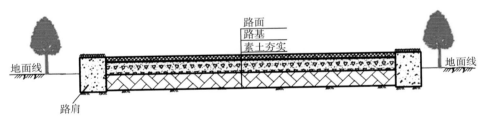

图 6-18　田间道示意图

本条突出强调了田间路的生态化要求，尽量减少因田间道路修筑对农田生态环境的破坏。如规定：采用泥结石（泥结碎石路面又称砂石路面，是以碎石、砂石作为骨料，泥土作为填充料和粘结料，经压实修筑成的一种结构）、碎石等材质和车辙路（轨迹路）、砌石（块）间隔铺装等生态化结构，推广应用生物凝结技术（生物酶类土壤固化技术，是通过酶的催化作用，促进土壤颗粒间的凝聚力，可用于护坡、防渗，也可用于田间道路、水土保持等领域）、透水路面等生态化设计。在暴雨冲刷严重的区域，可采用混凝土硬化路面。

同时，道路若存在结构稳定性隐患，两侧可视情况设置路肩，路肩宽宜为 30cm～50cm，确保道路工程使用年限满足高标准农田建设要求。

【条文】**6.4.7** 生产路路面材质应根据农业生产要求和自然经济条件确定，宜采用素土、砂石等。在暴雨集中地区，可采用石板、混凝土等。

【要点说明】生产路是项目区内连接田块与田间道（机耕路）、田块之间，供小型农机行走和人员通行的道路。对于生产路路面材质，本文件提出了两种情形。一般情况下宜采用素土、砂石等，降低建设成本的同时尽量减少因田间道路修筑对农田生态环境的破坏；在南方丘陵山区等暴雨集中地区，防止暴雨冲刷损毁路面，可采用石板、混凝土等材质（图 6-19）。

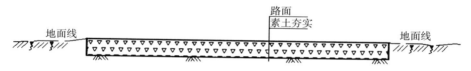

图 6-19　生产路示意图

针对不同的区域，本文件给出了分区田间道路工程建设指标要求，见表 6-5（节选自附录 C）。

表 6-5　各区域高标准农田中田间道路工程建设要求

序号	区域	范围	田间道路工程
1	东北区	辽宁、吉林、黑龙江及内蒙古赤峰、通辽、兴安、呼伦贝尔盟（市）	1. 路宽：机耕路宜为 4m～6m，生产路≤3m 2. 道路通达度：平原区 100%，丘陵漫岗区≥90%
2	黄淮海区	北京、天津、河北、山东、河南	1. 路宽：机耕路宜为 4m～6m，生产路≤3m 2. 道路通达度：平原区 100%，丘陵区≥90%

（续）

序号	区域	范围	田间道路工程
3	长江中下游区	上海、江苏、安徽、江西、湖北、湖南	1. 路宽：机耕路宜为 3m～6m，生产路≤3m； 2. 道路通达度：平原区 100%，丘陵区≥90%
4	东南区	浙江、福建、广东、海南	1. 路宽：机耕路宜为 3m～6m，生产路≤3m； 2. 道路通达度：平原区 100%，丘陵区≥90%
5	西南区	广西、重庆、四川、贵州、云南	1. 路宽：机耕路宜为 3m～6m，生产路≤3m； 2. 道路通达度：平原区 100%，山地丘陵区≥90%
6	西北区	山西、陕西、甘肃、宁夏、新疆（含新疆生产建设兵团）及内蒙古呼和浩特、锡林郭勒、包头、乌海、鄂尔多斯、巴彦淖尔、乌兰察布、阿拉善盟（市）	1. 路宽：机耕路宜为 3m～6m，生产路≤3m； 2. 道路通达度：平原区 100%，丘陵沟壑区≥90%
7	青藏区	西藏、青海	1. 路宽：机耕路宜为 3m～6m，生产路≤3m； 2. 道路通达度：平原区 100%，山地丘陵区≥90%

6.5 农田防护与生态环境保护工程

【条文】6.5.1 农田防护与生态环境保护工程指为保障农田生产安全、保持和改善农田生态条件、防止自然灾害等所采取的各种措施，包括农田防护林工程、岸坡防护工程、坡面防护工程和沟道治理工程等，应进行全面规划、综合治理。

【要点说明】本条提出了农田防护与生态环境保护工程的基本概念、主要内容和建设原则。农田防护与生态环境保护工程的主要功能是保障农田生产安全、保持和改善农田生态条件、防止自然灾害，主要内容包括农田防护林工程、岸坡防护工程、坡面防护工程和沟道治理工程等，建设原则是全面规划、综合治理。

农业生产安全指影响农业生产健康运行的各因素处于良好的状态，包括农业生态安全、生物安全、资源安全和体制安全。农业自然灾害包括气象灾害、生物灾害、生态灾害、地质灾害等方面。

加强农田生态系统保护是保障农业生产安全，减轻或防止农业自然灾害的有效手段之一。在农业生态系统中，不同的生物群落、光、空气、水分、土壤、无机养分等，都是组成其生态体的重要因素。和其他的生态系统相比，农田生态系统的生物结构群落较简单，大都是以单一的植物主导整个群体，并伴有杂草、昆虫、土壤微生物、鼠、鸟及少量其他小动物组成的生物体系。一般来说，生态系统中的生物种类越多，营养结构越复杂，自我调节能力就越大；反之，调节能力就小。农田生态系统的生物种类少，营养结构单一，所以自动调节能力弱，很容易遭到破坏。因此，高标准农田要因地制宜加强农田防护与生态环境保护工程建设。

【条文】**6.5.2** 农田防洪标准按洪水重现期20年～10年确定。

【要点说明】本文件与《防洪标准》（GB 50201—2014）规定一致，农田防洪标准洪水重现期为20年～10年。

我国洪水的年际间变差很大，要防御一切洪水，彻底消除洪水灾害，需要付出很大代价，从经济、生态环境等角度来看也是不合理的。目前，我国和世界许多国家是根据防护对象的规模、重要性和洪灾损失轻重程度，确定适度的防洪标准。防洪标准是指防护对象防御洪水能力相应的洪水标准，通常以洪水的重现期表示，《防洪标准》（GB 50201—2014）规定，乡村防护区人口≤20万人，耕地面积≤30万亩，防护等级为Ⅳ级，防洪标准为洪水重现期20年～10年。

【条文】**6.5.3** 农田防护面积比例指通过各类农田防护与生态环境保护工程建设，受防护的农田面积占建设区农田面积的比例，按附录 C 各建设区域要求执行。

【要点说明】农田防护林工程、岸坡防护工程、坡面防护工程和沟道治理工程等均可对农田和生态环境起到防护作用。受防护的农田面积占建设区农田面积的比例即为农田防护面积比例。本文件分区域提出了建设要求：东北区≥85%，长江中下游区、东南区≥80%，黄淮海区、西南区、西北区和青藏区≥90%。

【条文】6.5.4　在有大风、扬沙、沙尘暴、干热风等危害的地区，应建设农田防护林工程。

——农田防护林布设应与田块、沟渠、道路有机衔接，并与生态林、环村林等相结合。

——建设农田防护林工程应选择适宜的造林树种、造林密度及树种配置。窄林带宜采用纯林配置，宽林带宜采用多树种行间混交配置。

——农田防护林造林成活率应达到 90% 以上，三年后林木保存率应达到 85% 以上，林相整齐、结构合理。

【要点说明】本条规定，在有大风、扬沙、沙尘暴、干热风等危害的地区，应建设农田防护林工程（图 6-20），并提出了农田防护林布设原则、树种及种植方式和考核指标。关于农田防护林建设，有以下要点需要把握。

图 6-20　农田防护林

（1）农田防护林的作用。按照《林种分类》（LY/T 2012—2012）

标准，农田防护林是我国五大林种中防护林的亚林种之一，其经营目的或用途是保护农田（牧场）减免自然灾害，改善农作物（牧草）生长环境，保障农、牧业生产。

国内外大量的研究和我国各地的实践证明，农田防护林有助于增产的主要原因有两个方面：一是农田防护林可以防御或减轻自然灾害如大风、风沙、干热风、低温冷害等对作物可能造成的损失，这类增产的幅度较大，一般在30％以上，与灾害的性质和强度有关，这实质上是"保产"；二是农田防护林改善了农田小气候和作物生长条件，增强了作物的生理生态功能，也可以提高作物产量，增产幅度一般5％～20％，这是真正意义上的增产。

（2）农田防护林的布设。农田防护林的布设也称农防林配置模式，主要指林带走向、林带间距、林带宽度和林带的结构，这是保障农田防护林发挥效益的基础。农田防护林的配置模式是否合理，关键是能否以最小的占地面积发挥最大的防护效果和增产效益。

①林带走向：有明显主害风或盛行风的地区，主林带应与主害风向垂直，或风偏角的变化不超过45°。一般地区应综合考虑耕作习惯、田块走向，与沟、河、路、渠等田间工程相结合，风偏角尽量不大于30°。丘陵、岗地农防林一般沿等高线方向营建。副林带一般与主林带垂直。

②林带间距：林带间距根据林带对区域主要灾害的有效防护距离而定。一般主林带间距为农防林树种壮龄平均树高的20倍～25倍；风蚀、水蚀或风害较严重地区可减少到小于15倍～20倍；自然灾害较轻区域可以根据田间工程设置情况，放宽到30倍～35倍。副林带间距可根据田间工程设置适当增大。

③林带结构：林带结构分为紧密、疏透、通风三种，其中疏透结构适用于平原农区和风沙区。适宜的林带结构和疏透度，通过造林树种选择、乔灌草搭配来实现，并适时采用补植、合理间伐和修枝等措施进行调节。

④林带宽度：林带宽度以占用耕地最少和满足最适宜林带结构的行数为宜。根据大多数树种状况，一般疏透结构林带 4 行～7 行，透风林带结构 2 行～3 行。

鉴于以上四点，本文件提出"农田防护林布设应与田块、沟渠、道路有机衔接，并与生态林、环村林等相结合"，充分体现了因地制宜的原则。

（3）造林树种、造林密度与树种配置的选择。造林树种系指营造农田防护林的主要树种；造林密度系指单位面积的植树株数；树种配置则指造林树种之间的搭配方式。各地情况千差万别，因此我们主张：要坚持防护优先、适地适树的原则，优先选择树体高大、生长迅速、深根窄冠的乡土树种，避免过度景观化、花灌化；同时，为提高防护效果，可科学搭配常绿树种，提倡营造混交林带。要适应现代农业发展需要，创新农田防护林建设模式，可以突破传统"窄林带，小网格"的单一林网模式，因地制宜，发展以林带为主的带状模式，以适应机械化、田块集中化的要求。要探索农田防护林和田间道路、水系的结合建设模式，充分发挥林水路的综合效应。鉴此，本文件规定"建设农田防护林工程应选择适宜的造林树种、造林密度及树种配置。窄林带宜采用纯林配置，宽林带宜采用多树种行间混交配置"。

（4）造林成效考核指标。"造林不成林、成林难保存"是近几十年农田防护林建设较为普遍的现象。产生这个问题的原因是多方面的，而其中的"歇地效应"也是关键因素之一。防护林带的建设，势必导致林带附近的农田减产。河南省有关科研机构的长期观测研究证实，在一个林带网格内，靠近林带周围 36% 的面积内，18% 的面积减产、18% 的面积平产，其余在网格中央 64% 的面积增产，总体平均结果为大幅度增产。简而言之是"影响一条线，增产一大片"。自家庭联产承包责任制实施之后，林带"歇地效应"的负面影响被少数农户承担了。因此，在高标准农田建设农田防护林，如何补偿林带周围农户因此造成的损失，避免他们以不同方式干扰甚至破坏其生长，是各地应当研究制定的政策措施，一些地方已创造和积累了许多行之有效的办法和经验。本文件规定"农田防护林造林成活率应达到 90％以上，3 年后林木保存率应达到 85％以上，林相整齐、结构合理"。其中，造林成活率是指单位面积成活树木株数占造林设计株数的百分比；保存率是指造林 3 年后，存活树木株数占造林设计株数的百分比。这些指标与其他地段的造林标准是一致的，也是可以实现的。

【条文】**6.5.5**　岸坡防护可采用土堤、干砌石、浆砌石、石笼、混凝土、生态护岸等方式。岸坡防护工程应按 GB 51018 规定执行。

【要点说明】岸坡防护包括护堤工程和护岸工程。护堤工程主要以旧堤改造、堤防加固为主；护岸工程主要适用于易受波浪、水流冲刷，岸边塌陷的小型河道。岸坡防护可采用土堤、干砌石、浆砌石、石笼、混凝土、生态护岸等方式。

当水流流速小于 2m/s 时，可采用土堤防护；当水流流速为 2m/s～3m/s 时，可采用干砌石护坡；当水流流速大于 4m/s 时，应采用浆砌石或混凝土护坡，保护岸坡不被水流侵蚀。土堤的安全超高一般取 0.5m，浆砌石堤与混凝土堤的安全超高取 0.3m；土堤的堤顶宽度一般不小于 2m～3m；均质土堤应采用梯形断面，迎水面坡比应为 1∶2～1∶3，背水面坡比应为 1∶1.5～1∶2.5，堤身压实度不应小于 0.90。

护岸工程主要有坡式护岸、坝式护岸、墙式护岸以及其他形式护岸，因地制宜选用。

——坡式护岸：可分为上部护坡和下部护脚（图 6-21）。上部护坡的结构型式根据河岸地质条件和地下水活动情况，采用干砌石、浆砌石、混凝土预制块、橡胶混凝土板、模装混凝土等，经技术经济比较确定；下部护脚部分的结构型式根据岸坡地形地质情况，水流条件和材料来源，采用抛石、石笼、柴枕、柴排、土工织物枕、软体排、模装混凝土排、混合形式等，经技术经济比较确定。当河水流速小于 5m/s 时，可采用抛石护脚、柴枕护脚、柴排护脚等形式。抛石护脚的块石粒径一般选择 30cm～40cm，抛石边坡小于块石体在水中的临界休止角，一般缓于 1∶1.4～1∶1.5；抛石厚度一般为 40cm～100cm。在流速大于 5m/s、岸坡较陡的岸段，多采用石笼护脚。石笼一般由铅丝或钢筋制作成网格笼状物，内装块石、砾石或卵石。

图 6-21　坡式护岸

　　——坝式护岸：有丁坝、顺坝、磨盘坝等形式（图 6-22），坝式护岸要避免对河道沿岸造成不良影响。顺坝分为均质土坝、砌石坝两类。顺坝轴线方向与河道主槽水流方向近似平行，或有微小交角比较好。

　　——墙式护岸：对河道狭窄、临水侧易受水流冲刷、保护对象重要、受地形条件限制的河岸，一般采用墙式护岸。墙式护岸的结构型式可采用直立式、陡坡式、折线式等，墙体结构材料可采用钢筋混凝土、混凝土、浆砌石、石笼等，在水流冲刷严重的河岸要考虑采取护基措施，墙式护岸在墙后与岸坡之间要回填砂砾石。墙体要设置排水孔，排水孔处设置反滤层。在水流冲刷严重的河岸，墙后回填体的顶面要采取防冲措施。墙式护岸沿长度方向设置变形缝，

图 6－22　坝式护岸

钢筋混凝土结构护岸分缝间距可为 15m～20m，混凝土、浆砌石护岸分缝间距可为 10m～15m，在地基条件改变处要增设变形缝，墙基压缩变形量较大时要适当减小分缝间距。墙式护岸墙基可采用地下连续墙等形式，结构材料可采用钢筋混凝土或混凝土。

——其他护岸形式：护岸还可采用桩式护岸、杩槎坝、生物防护措施等形式。采用桩式护岸维护陡岸的稳定、保护坡脚不受强烈水流的淘刷、促淤保堤，桩式护岸的材料可采用木桩、钢桩、预制钢筋混凝土桩等。具有卵石、砂卵石河床的中、小河流在水浅流缓处，可采用杩槎坝，采用木、竹、钢、钢筋混凝土杆件做杩槎支架，可选用块石或土、砂、石等作为填筑料，构成透水或不透水的坝体。有条件的河岸可采取植树、植草等生物防护措施，可设置防浪林台、防浪林带、草皮护坡等。

【条文】6.5.6　坡面防护应合理布置护坡、截水沟、排洪沟、小型蓄水等工程，系统拦蓄和排泄坡面径流，集蓄雨水资源，形成配套完善的坡面和沟道防护与雨水集蓄利用体系。坡面防护工程应按 GB 51018 规定执行。

【要点说明】坡面防护工程包括截水沟、排洪沟、沉沙池、蓄水池等（图 6－23）。由于南北自然条件差异较大，对坡面防护的要求也不同，南方地区雨量充沛，一次性降雨量较大，降雨频繁，在山丘区山高坡陡容易形成山洪灾害，坡面防护可考虑设排水沟，尽量将洪水排入到沟中，减少坡体滑坡的危害。北方地区降水偏少，水资源宝贵，坡面防护可考虑设置截水沟，集蓄水资源，用于作物灌溉等。坡面防护工程，应统筹考虑，系统拦蓄和排泄坡面径流，集蓄雨水资源，形成配套完善的坡面和沟道防护与雨水集蓄利用体系，发挥最大综合效益。

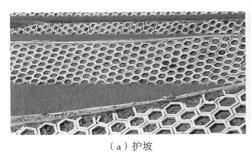 

（a）护坡　　　　　　　　　　　　（b）截水沟

图 6-23　坡面防护

【条文】6.5.7　沟道治理主要包括谷坊、沟头防护等工程，应与小型蓄水工程、防护林工程等相互配合。沟道治理工程应按 GB 51018 规定执行。

【要点说明】北方山区、丘陵区、高塬区和漫川漫岗区以及南方部分沟蚀严重地区，暴雨坡面径流集中泄入沟道时，会引起沟头前进、沟床下切、沟岸扩张等，要对沟道进行治理，确保沟道正常运行。沟道治理工程主要包括谷坊、沟头防护等（图 6-24）。为了更好地达到治理效果，沟道治理工程可以与小型蓄水工程、防护林工程等相互配合。沟头防护工程宜与谷坊等沟壑治理措施互相配合，包括蓄水型和排水型两大类型。谷坊按建筑材料不同，可分为浆砌石谷坊、干砌石谷坊、土谷坊、砼预制块谷坊、柳桩编篱谷坊、多排密植谷坊、编织袋谷坊和石笼谷坊等形式。除柳桩编篱谷坊、多排密植谷坊等植物谷坊外，谷坊出口处应配套护坡、护底等防护措施，以免净流量大时在谷坊坝体两侧产生侵蚀，在出口坝脚处产生下切侵蚀。末级谷坊出口处应布设消力池、海漫等消能防护防冲设施。

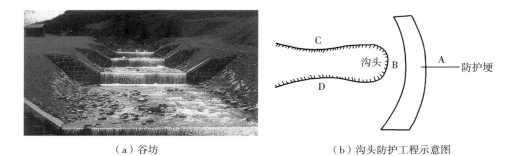

（a）谷坊　　　　　　　（b）沟头防护工程示意图

图 6-24　沟道治理工程

　　针对不同的区域，本文件给出了分区农田防护与生态环境保护工程建设指标要求，见表 6-6（节选自附录 C）。

表 6-6　各区域高标准农田中农田防护与生态环境保护工程建设要求

序号	区域	范围	农田防护与生态环境保护工程
1	东北区	辽宁、吉林、黑龙江及内蒙古赤峰、通辽、兴安、呼伦贝尔盟（市）	农田防护面积比例≥85%
2	黄淮海区	北京、天津、河北、山东、河南	农田防护面积比例≥90%
3	长江中下游区	上海、江苏、安徽、江西、湖北、湖南	农田防护面积比例≥80%
4	东南区	浙江、福建、广东、海南	农田防护面积比例≥80%
5	西南区	广西、重庆、四川、贵州、云南	农田防护面积比例≥90%
6	西北区	山西、陕西、甘肃、宁夏、新疆（含新疆生产建设兵团）及内蒙古呼和浩特、锡林郭勒、包头、乌海、鄂尔多斯、巴彦淖尔、乌兰察布、阿拉善盟（市）	农田防护面积比例≥90%
7	青藏区	西藏、青海	农田防护面积比例≥90%

6.6 农田输配电工程

【条文】**6.6.1** 农田输配电工程指为泵站、机井以及信息化工程等提供电力保障所需的强电、弱电等各种设施，包括输电线路、变配电装置等。其布设应与田间道路、灌溉与排水等工程相结合，符合电力系统安装与运行相关标准，保证用电质量和安全。

【要点说明】本条明确了农田输配电工程的内涵，提出了布设原则要求。线路路径规划应与农田环境相适应，不占或少占农田，选择线路安全运行的地段（图6-25）。

图6-25　农田输配电工程

【条文】**6.6.2** 农田输配电工程应满足农业生产用电需求，并应与当地电网建设规划相协调。

【要点说明】农田输配电工程建设要满足农业生产用电需求，即满足泵站、机井等用电设备对电源的电压、容量和质量的需求。用电设备的具体用电需求可按如下规定执行。

——低压供电电压偏差应满足的要求：380V为±7％；220V为−10％到＋7％。对电压有特殊要求的用户，供电电压的偏差值由供用电双方在合同中确定。

——电源的容量应根据当地农村电力发展规划选定，一般按 5 年考虑。若电力发展规划不明确或实施的可能性变化较大，则可依当年的实际用电情况合理分配。

——电源的质量应得到有效保障，三相负荷应尽量平衡，不得仅用一相或两相供电。应综合考虑地理环境、天文气象、设备参数、运行状态等因素，设置无功补偿、剩余电流保护、过流保护等措施，确保电源的长时稳态运行。

农田输配电工程包括电压等级、接入方式、供电范围、电力平衡、负荷计算、无功补偿及一次设备与二次设备等具体实施内容，应结合当地电网实际情况进行整体设计，一方面应尽量利用周边现有配套变压器或高压线满足设备需求，另一方面应参照 DL/T 5220 相关规定，合理设置新的电源点位并架设线路，与当地电网的建设和规划相协调。

【条文】6.6.3　农田输配电线路宜采用 10kV 及以下电压等级，包括 10kV、1kV、380V 和 220V，应设立相应标识。

【要点说明】农田输配电应根据用电负荷容量、供电电压、供电距离等要求，充分考虑用电可靠性、安全性和经济性，合理确定配电线路电压等级。目前，我国公用电力系统除农村和一些偏远地区还有采用 3kV 和 6kV 外，已基本采用 10kV，采用 10kV 有利于互相支援和将来的发展。1kV、380V 及 220V 低压电力网的布局应与农村发展相结合，一般采用放射形供电。农田输配电线路不同电压等级供电半径应参考 DL/T 5118 相关技术内容，结合设备容量密度和供电区域地形综合考虑，且纳入上一级当地电网规划（图 6-26）。

【条文】6.6.4　农田输配电线路宜采用架空绝缘导线，其技术性能应符合 GB/T 14049、GB/T 12527 等规定。

【要点说明】本条考虑经济适用性，规定了农田输配电线路的敷设方式宜为架空敷设。电缆的额定电压、载流量、导体材料、绝缘性能等产品特性应满足 GB/T 14049、GB/T 12527 的要求。同时，

图6-26 农田输配电线路

导线截面的确定还应满足 DL/T 5220 的要求。

架空线路路径选择应符合下列要求：

（1）应与农村发展规划相结合，方便机耕，少占农田。

（2）路径短，跨越、转角少，施工、运行维护方便。

（3）应避开易受山洪、雨水冲刷的地方，严禁跨越易燃、易爆物的场院和仓库。

【条文】**6.6.5** 农田输配电设备接地方式宜采用 TT 系统，对安全有特殊要求的宜采用 IT 系统。

【要点说明】根据国家标准《低压配电设计规范》（GB 50054—2011）的定义，TT 系统为电源中性点接地，电气设备的金属外壳接地，两者之间的接地相互独立，该系统可有效减轻人体触电危害程度，可以作为农业用电设备接地的主要方式；IT 系统为电源中性点不接地，电气设备的金属外壳接地，其最大优点是在第一次出现接地故障时不切断故障线路。农田输配电设备一般是无法做等电位联结的，TT系统可有效解决此问题。

——采用TT系统时应满足如下要求：

（1）除变压器低压侧中性点直接接地外，中性线不得再行接地且应保持与相线同等的绝缘水平。

（2）为防止中性线机械断线，其截面不应小于规定值。

（3）必须实施剩余电流保护，包括剩余电流总保护、剩余电流中级保护（必要时）、剩余电流末级保护。

（4）中性线不得装设熔断器或单独的开关装置。

（5）配电变压器低压侧及各出线回路，均应装设过电流保护，包括短路保护和过负荷保护。

——采用IT系统时应满足如下要求：

（1）配电变压器低压侧及各出线回路均应装设过流保护，包括短路保护和过负荷保护。

（2）网络内的带电导体严禁直接接地。

（3）当发生单相接地故障，故障电流很小，切断供电不是绝对必要时，则应装设能发出接地故障音响或灯光信号的报警装置，而且必须具有两相在不同地点发生接地故障的保护措施。

（4）各相对地应有良好的绝缘水平，在正常运行情况下，从各相测得的泄漏电流（交流有效值）应小于30mA。

（5）不得从变压器低压侧中性点配出中性线作220V单相供电。

（6）变压器低压侧中性点和各出线回路终端的相线均应装设高压击穿熔断器。

注意，在同一低压电网中不应采用两种保护接地方式。

【条文】**6.6.6** 应根据输送容量、供电半径选择输配电线路导线截面和输送方式，合理布设配电室，提高输配电效率。配电室设计应执行GB 50053有关规定，并应采取防潮、防鼠虫害等措施，保证运行安全。

【要点说明】配电室的布置应按"小容量、密布点、短半径"的原则布置，配电设备应布置在负荷中心或附近便于更换和检修设备的位置。同时也应执行如下规定：

（1）配电室进出引线可架空明敷或暗敷，明敷设宜采用耐气候型电缆或聚氯乙烯绝缘电线，暗敷设宜采用电缆或农用直埋塑料绝缘护套电线。配电室进出引线的导体截面应按允许载流量选择。主进回路按变压器低压侧额定电流的 1.3 倍计算，引出线按该回路的计算负荷选择。

（2）配电室一般可采用砖、石结构，屋顶应采用钢筋混凝土结构，并根据当地气候条件增加保温层或隔热层，屋顶承重构件的耐火等级不应低于二级，其他部分不应低于三级。配电室的长度超过 7m 时，应设两个出口，并应布置在配电室两端，门应向外开启；成排布置的配电屏其长度超过 6m 时，屏后通道应设两个出口，并宜布置在通道的两端。

（3）配电室内应留有维护通道。

此外，农网配电室工作环境潮湿，鼠蛇虫类较多，底部应适当垫高并将底座四周封严，以防止进水、受潮，以及鼠、蛇、虫类小动物爬入箱体内裸导线上，引起短路事故。

【条文】 6.6.7 输配电线路的线间距应在保障安全的前提下，结合运行经验确定；塔杆宜采用钢筋混凝土杆，应在塔杆上标明线路的名称、代号、塔杆号和警示标识等；塔基宜选用钢筋混凝土或混凝土基础。

【要点说明】 本条规定了输配电线路电杆、塔基等的基本设计原则，输配电线路的安全距离应按 DL/T 5220 规定执行。具体技术要求应执行如下规定。

（1）电杆宜采用符合标准规定的定型产品，杆长宜为 8m，梢径为 150mm。混凝土电杆的最大使用弯矩，不应大于混凝土电杆的标准检验弯矩。电杆表面应光滑，无混凝土脱落、露筋、跑浆等缺陷；平放地面检查时，不得有环向或纵向裂缝，但网状裂纹、龟裂、水纹不在此限；杆身弯曲不应超过杆长的1/1000；电杆的端部应用混凝土密封。

（2）电杆的埋设深度，应根据土质及负荷条件计算确定，但不应小于杆长的1/6。

【条文】**6.6.8** 农田输配电线路导线截面应根据用电负荷计算，并结合地区配电网发展规划确定。

【要点说明】地区配电网发展规划是农田输配电线路设计应遵循的前提条件。结合规划进行设计可匹配远期使用要求，有效降低后期改造风险。

【条文】**6.6.9** 架空输配电导线对地距离应按DL/T 5220规定执行。需埋地敷设的电缆，电缆上应铺设保护层，敷设深度应大于0.7m。导线对地距离和埋地电缆敷设深度均应充分考虑机械化作业要求。

【要点说明】农田内输配电线缆宜优先选用架空线方式。当技术方案合理，经济指标可行选择埋地敷设时，宜采用铠装电缆，并铺设保护层。架空高度和埋地深度均应充分考虑机械化作业要求，确保农机能够顺利通过，作业深度不破坏埋地线缆。

架空、埋地敷设的电缆技术要求及具体技术内容，可按如下规定执行。

——当采用架空电线时：

（1）铝绞线、钢芯铝绞线的强度安全系数不应小于2.5；架空绝缘电线不应小于3.0。铝绞线、架空绝缘电线的最小截面为25mm²，也可采用不小于16mm²的钢芯铝绞线。

（2）线路档距，一般采用下列数值：铝绞线、钢芯铝绞线在集镇和村庄为40m～50m，在田间为40m～60m；架空绝缘电线一般为30m～40m，最大不应超过50m。

（3）导线水平线间距离，不应小于下列数值：铝绞线或钢芯铝绞线，档距50m及以下为0.4m；档距50m～60m为0.45m；靠近电杆的两导线间距离，不应小于 0.5m。架空绝缘电线，档距 40m 及以下为 0.3m；档距 40m～50m 为 0.35m；靠近电杆的两导线间距离为 0.4m。

——当采用埋地电缆时：

（1）地埋线的型号选择，北方宜采用耐寒护套或聚乙烯护套型；南方采用普通护套型，严禁用无护套的普通塑料绝缘电线代替。其截面不应小于 4mm²。

（2）地埋线应敷设在冻土层以下，其深度不宜小于 0.8m。地埋线一般应水平敷设，线间距离为 50mm～100mm，电线至沟边距离不应小于 50mm。线路转向时，拐弯半径不应小于地埋线外径的 15 倍。

【条文】6.6.10　变配电装置应采用适合的变台、变压器、配电箱（屏）、断路器、互感器、起动器、避雷器、接地装置等相关设施。

【要点说明】变压器、断路器、互感器、起动器、避雷器等设备，应按使用环境条件、正常工作条件选择，按短路工作条件校验。变配电装置设施应选用国家能效标准规定的电气产品，不应选用淘汰产品（图 6-27）。

（a）变压器　　　　　　　　　　　　（b）配电箱

图 6-27　变配电装置

【条文】**6.6.11**　变配电设施宜采用地上变台或杆上变台，应设置警示标识。变压器外壳距地面建筑物的净距离应大于0.8m；变压器装设在杆上时，无遮拦导电部分距地面应大于3.5m。变压器的绝缘子最低瓷裙距地面高度小于2.5m时，应设置固定围栏，其高度应大于1.5m。

【要点说明】根据DL/T 5220相关规定，400kVA及以下的变压器，宜采用杆上式变压器台。400kVA以上的变压器，宜采用地上变压器台。当采用箱式变压器或落地式变压器台时，应综合考虑使用性质、周围环境等条件，确保用电安全。

【条文】**6.6.12**　接地装置的地下部分埋深应大于0.7m，且不应影响机械化作业。

【要点说明】防雷及接地系统的设计，应符合如下要求。

（1）接地体可利用与大地有可靠电气连接的自然接地物，如连接良好的埋设在地下的金属管道、金属井管、建筑物的金属构架等，若接地电阻符合要求时，一般不另设人工接地体。但可燃液体、气体、供暖系统等金属管道禁止用作保护接地体。

（2）接地装置的地下部分应采用焊接，地下接地体应有引上地面的接线端子。保护接地线与受电设备的连接应采用螺栓连接，与接地体端子的连接，可采用焊接或螺栓连接。

（3）人工接地体应做防腐处理。

（4）低压避雷器的接地电阻不宜大于10Ω。

（5）接地装置的埋地深度，应充分考虑机械作业要求，确保作业深度不破坏接地装置。

【条文】**6.6.13**　根据高标准农田建设现代化、信息化的建设和管理要求，可合理布设弱电工程。弱电工程的安装运行应符合相关标准要求。

【要点说明】本条明确了"弱电工程"的配置要求，结合农田的信息化管理，可规划配置相应的自动化系统。

6.7 其他工程

【条文】除田块整治、灌溉与排水、田间道路、农田防护与生态环境保护、农田输配电等工程以外建设的田间监测等工程，其技术要求按相关规定执行。

【要点说明】根据现代农业发展、乡村振兴的需要，除田块整治、灌溉与排水、田间道路、农田防护与生态环境保护、农田输配电等工程以外，还可以建设一些服务于农业生产的设施，如田间监测工程等，其技术要求按相关规定执行（图6-28）。

图6-28 田间监测工程

7 农田地力提升工程

7.1 一般规定

【条文】**7.1.1** 农田地力提升工程包括土壤改良、障碍土层消除、土壤培肥等。按照工程类型、特征及内部联系构建的工程体系分级应按附录 D 规定执行。

【要点说明】提升农田地力是高标准农田建设的重要内容，主要包括土壤改良、障碍土层消除和土壤培肥等重点工程。

——土壤改良工程中主要包括土壤酸碱度（土壤 pH）和土壤盐分含量 2 个指标。在不同区域内，针对中低产田存在的土壤酸化或盐碱化，有针对性地提出了改良工程实施后应该达到的指标值，具体数值与高标准农田建设规划保持一致。

——障碍土层消除工程主要是针对土壤中存在的障碍层及其类型实施的，具体办法是深耕、深松。深耕深松的作业深度既要考虑农田土壤障碍层距离地表的深度，还要兼顾所种植作物的具体要求。

——土壤培肥工程是一个长期的过程，只有连续不断地增加土壤有机质投入（增施有机肥、秸秆还田、种植绿肥还田等措施），才能保证并不断提升土壤的肥力水平。同时，实施测土配方施肥，强化氮、磷、钾大量元素和中微量元素平衡，为农作物生长提供土壤肥力保障，实现高产稳产。

本文件对相关工程进行了系统分类和说明，见表 7－1（附录 D）。

表7-1 高标准农田地力提升工程体系表

一级		二级		三级		说明
编号	名称	编号	名称	编号	名称	
1	农田地力提升工程					
		1.1	土壤改良工程			采取物理、化学、生物或工程等综合措施，消除影响农作物生育或引起土壤退化的不利因素
				1.1.1	土壤质地改良	采取掺沙、掺黏、客土、增施有机肥等措施，改善土壤性状，提高土壤肥力
				1.1.2	酸化土壤改良	采取施用石灰质物质、土壤调理剂和有机肥等措施，中和土壤酸度，提高土壤pH
				1.1.3	盐碱土壤改良	采取工程排盐、施用土壤调理剂和有机肥等措施，降低土壤盐分含量，中和土壤碱度，降低土壤pH
				1.1.4	土壤风蚀沙化防治	采取建设农田防护林、保护性耕作等措施，防治土壤沙质化，防止土地生产力下降
				1.1.5	板结土壤治理	采取秸秆还田、增施腐殖酸肥料、生物有机肥、种植绿肥、保护性耕作、深耕深松、施用土壤调理剂、测土配方施肥等措施，增加土壤有机质含量，改善土壤结构，防止土壤变硬
		1.2	障碍土层消除工程			采取深耕深松等措施，畅通作物根系生长和水气运行
				1.2.1	深耕	用机械翻土、松土、混土
				1.2.2	深松	用机械松碎土壤
		1.3	土壤培肥工程			通过秸秆还田、施有机肥、种植绿肥、深耕深松等措施，使耕地地力保持或提高

【条文】**7.1.2** 实施农田地力提升工程的高标准农田，农田地力参考值见附录 E。

【要点说明】农田土壤地力是指特定气候区域以及地形、地貌、成土母质、土壤理化性状、肥力水平等综合要素构成的耕地生产能力，即农田为农作物正常生长提供保障的能力，也可以简单地理解为农田的农业生产能力。在农业生产实践中，经常直接用粮食单位面积的产量来度量耕地地力的水平。

对于实施了农田地力提升工程的高标准农田，本文件给出了农田地力参考值。参考值与高标准农田建设规划进行了有效衔接。高标准农田建成后的耕地质量等级均要在该区域的平均等级以上，具体数值与高标准农田建设规划保持一致，见表 7-2（节选自附录 E）。

表 7-2　各区域高标准农田建成后耕地质量等级要求

序号	区域	范围	耕地质量等级
1	东北区	辽宁、吉林、黑龙江及内蒙古赤峰、通辽、兴安、呼伦贝尔盟（市）	宜达到 3.5 等以上
2	黄淮海区	北京、天津、河北、山东、河南	宜达到 4 等以上
3	长江中下游区	上海、江苏、安徽、江西、湖北、湖南	宜达到 4.5 等以上
4	东南区	浙江、福建、广东、海南	宜达到 5 等以上
5	西南区	广西、重庆、四川、贵州、云南	宜达到 5 等以上
6	西北区	山西、陕西、甘肃、宁夏、新疆（含新疆生产建设兵团）及内蒙古呼和浩特、锡林郭勒、包头、乌海、鄂尔多斯、巴彦淖尔、乌兰察布、阿拉善盟（市）	宜达到 6 等以上
7	青藏区	西藏、青海	宜达到 7 等以上

【条文】**7.1.3** 高标准农田建成后，粮食综合生产能力参考值见附录 F。各省份可根据本行政区内高标准农田布局和生产条件差异，合理确定市县高标准农田粮食综合生产能力参考值。

【要点说明】2009 年以来，高标准农田建设有力支撑了粮食和重要农产品生产能力的提高。本文件的一个最大特点，是分省、分作物给出了粮食综合生产能力参考值，凸显了高标准农田建设的初衷。本文件以水稻、小麦、玉米三大粮食作物为指示性作物，按照数据可获得性、具有一定代表性、可操作性的原则，选择 2017—2019 年 3 年国家统计局公布的粮食单产平均值作为亩均粮食产能的基础值。资料表明，高标准农田建成后亩均粮食产能可增加 10%～20%，考虑到国家统计局公布的粮食单产数据是高标准农田和普通农田粮食单产的综合值，建成后的高标准农田亩均粮食产能增加取 10% 较为合适。因此，本文件按照 2017 年、2018 年、2019 年国家统计局公布的三大粮食作物单产 3 年平均值的 1.1 倍取整，作为各省（区、市）建成后的高标准农田粮食综合生产能力参考值，见表 7-3（附录 F）。例如江苏的水稻单产，2017 年为 8 458kg/ha，2018 年为 8 841kg/ha，2019 年为 8 972kg/ha，2017—2019 年的平均值为 8 757kg/ha，乘以 1.1 计算出水稻综合生产能力参考值为 9 633kg/ha，取整后为 9 600kg/ha。

本文件同时规定，各省（区、市）要根据辖区内的实际情况对所辖市县高标准农田建成后的粮食综合生产能力作出具体要求。

表 7-3　高标准农田粮食综合生产能力参考值表

序号	区域	范围	粮食综合生产能力/(kg/ha)		
			水稻	小麦	玉米
1	东北区	黑龙江	7 800	3 900	7 050
		吉林	8 700	—	7 950
		辽宁	9 450	5 550	7 350
		内蒙古赤峰、通辽、兴安和呼伦贝尔盟（市）	8 700	3 450	7 800
2	黄淮海区	北京	7 050	6 000	7 350
		天津	10 050	6 150	6 750
		河北	7 200	6 900	6 300
		河南	8 850	7 050	6 300
		山东	9 450	6 750	7 350

（续）

序号	区域	范围	粮食综合生产能力/(kg/ha)		
			水稻	小麦	玉米
3	长江中下游区	上海	9 300	6 150	7 650
		湖南	7 350	3 750	6 150
		湖北	9 000	4 200	4 650
		江西	6 750	—	4 800
		江苏	9 600	6 000	6 600
		安徽	7 200	6 300	5 850
4	东南区	浙江	7 950	4 500	4 650
		广东	6 450	3 750	5 100
		福建	7 050	3 000	4 800
		海南	5 850	—	—
5	西南区	云南	6 900		5 700
		贵州	7 050		4 800
		四川	8 700	4 350	6 300
		重庆	8 100	3 600	6 300
		广西	6 300	—	5 100
6	西北区	山西	7 650	4 500	6 000
		陕西	8 400	4 500	5 400
		甘肃	7 200	4 050	6 450
		宁夏	9 150	3 450	8 100
		新疆（含新疆生产建设兵团）	9 900	6 000	8 850
		内蒙古呼和浩特、锡林郭勒、包头、乌海、鄂尔多斯、巴彦淖尔、乌兰察布、阿拉善盟（市）	8 700	3 450	7 800
7	青藏区	青海	—	4 350	7 200
		西藏	6 150（青稞）	6 450	6 600

注：参考值是按照国家统计局公布的 2017 年、2018 年和 2019 年 3 年的统计数据，取平均值乘以 1.1，四舍五入后得到。

7.2 土壤改良工程

【条文】7.2.1 根据土壤退化成因，可采取物理、化学、生物或工程等综合措施治理。

【要点说明】农田土壤退化是指在各种自然因素尤其是人为因素影响下，土壤的生产能力、保蓄养分和水分的能力、环境调控潜力下降甚至完全丧失的物理、化学或生物学过程。

农田土壤退化主要表现类型有土壤侵蚀、土壤盐碱化、土壤酸化、土壤贫瘠化、土壤潜育化等。

农田土壤物理退化主要包括土层变薄、土壤沙化或砾石化、土壤板结紧实及土壤有效水下降等。农田土壤化学退化包括土壤有效养分含量降低、养分失衡、可溶性盐分含量过高、土壤酸化碱化等。农田土壤生物退化主要指土壤微生物多样性减少、群落结构改变、有害生物增加、生物过程紊乱等。

农田土壤退化主要是由土地利用不合理，特别是山地丘陵区不科学的农业耕作措施引起的。治理农田土壤退化是一个系统工程，治理时要根据土壤退化成因，采取物理、化学、生物方法或相应的工程等综合措施进行治理。

【条文】7.2.2 过沙或过黏的土壤应通过掺黏、掺沙、客土、增施有机肥等措施改良土壤质地。掺沙、掺黏宜就地取材。

【要点说明】改良过沙、过黏土壤，一种是通过掺黏、掺沙等客土的工程办法解决，另一种就是通过增施有机肥和秸秆还田等技术方法解决。

对于黏性土壤附近有沙土、河沙者可采取搬沙压淤的办法，通过客土改良，使之达到三泥七沙或四泥六沙的壤土质地范围。还可将沙、黏土层翻至表层，经耕、耙使上下沙黏掺混，改变其土质。

对于沙性土壤可以采用施用黏性土壤或无污染的河泥、塘泥进行客土改良，对沙层较薄的土壤可以深秋压沙，使底层的黏土与沙土混合，以降低其沙性。同时，还可大量施用有机肥改良过沙、过黏土壤，施用有机肥能改善过黏土壤的不良性质，增强土壤保水、保肥性能。因为有机肥施入土壤中形成腐殖质，可增加沙土的黏结性和团聚性，降低黏土的黏结性，促进土壤中团粒结构的形成。

【条文】**7.2.3** 酸化土壤应根据土壤酸化程度，利用石灰质物质、土壤调理剂、有机肥等进行改良，改良后土壤pH应达到5.5以上至中性。

【要点说明】农作物对于土壤的酸碱性有一定要求，大多数作物适宜在中性或弱酸性、弱碱性土壤中生长，水稻、玉米和小麦等主粮作物，土壤pH不宜低于5.5。

土壤酸化是指土壤pH降低、盐基饱和度减小的过程。导致农田土壤酸化的原因是多方面的，其中酸雨和不合理施肥是主要的诱因。土壤pH小于4.5为极强酸性；4.5~5.5为强酸性；5.5~6.5为酸性；6.5~7.5为中性。当土壤为酸性时会产生障碍，影响土壤正常功能发挥。酸化土壤改良可采用源头控制、施用酸性土壤改良剂和优化农业管理等措施来解决。

——源头控制主要包括酸性沉降物（酸雨）的控制和生理酸性化肥（氮肥）施用的控制。

——酸性土壤改良剂（调理剂）主要包括石灰、碱性矿物和有机改良剂等，在南方石灰是用来改良酸性土壤和防止土壤酸化的最常见物质，酸性土壤改良剂（调理剂）可以中和土壤中的氢离子，从而改变土壤的酸化程度。

——施用有机肥之所以能够改良酸性土壤，是因为有机肥中含有的碳官能团强化了对氢离子和三价铝离子的吸附，通过吸附和络合使土壤溶液中的氢离子和三价铝离子与有机胶体结合，减低土壤溶液中的氢离子和三价铝离子浓度。有机物料矿化过程引起的有机阴离子脱羧基化和碱性物质的释放效应，可中和土壤溶液中的氢离子，从而达到减缓土壤酸化的目的。

【条文】**7.2.4** 盐碱土壤可采取工程排盐、施用土壤调理剂和有机肥等措施进行改良，改良后的土壤盐分含量应低于0.3%，土壤pH应达到8.5以下至中性。

【要点说明】盐碱土壤改良后，土壤盐分含量应低于0.3%，土壤pH应达到8.5以下至中性。含盐量高于0.3%、土壤pH高于8.5的耕地，不适宜作物生长。

盐碱土是在一定的自然条件下形成的，其形成的实质主要是各种易溶性盐类在地面作水平方向与垂直方向的重新分配，从而使盐分在集盐地区的土壤表层逐渐积聚起来。盐碱土的形成主要包括以下五方面因素。

一是气候。在我国东北、西北、华北的干旱、半干旱地区，降水量小，蒸发量大，溶解在水中的盐分容易在土壤表层积聚。

二是地形。地形高低对盐碱土的形成影响很大，其直接影响地表水和地下水的运动，也就与盐分的移动和积聚有密切关系。从大地形看，水溶性盐随水从高处向低处移动，在低洼地带积聚。盐碱土主要分布在内陆盆地、山间洼地和平坦排水不畅的平原区，如松辽平原。从小地形（局部范围内）来看，土壤积盐情况与大地形正相反，盐分往往积聚在局部的小凸处。

三是土壤质地和地下水。质地粗细可影响土壤毛管水运动的速度与高度，一般来说，壤质土毛管水上升速度较快，高度也高，沙土和黏土积盐均慢些。地下水影响土壤盐碱的关键问题是地下水位的高低及地下水矿化度的大小，地下水位高，矿化度大，容易积盐。

四是河流和海水的影响。河流及渠道两旁的土地，因河水侧渗而使地下水位抬高，促使积盐。沿海地区因海水浸渍，可形成滨海盐碱土。

五是耕作管理不当。有些地方浇水时大水漫灌，或低洼地区只灌不排，以致地下水位很快上升而积盐，使原来的好地变成了盐碱地，这个过程叫次生盐渍化。为防止次生盐渍化，水利设施要排灌配套，严禁大水漫灌，灌水后要及时耕锄。轻盐碱地含盐量在0.3%以下，土壤pH为7.1~8.5。

盐碱地改良利用，一般采取以下六种方法或几种方法组合集成进行综合治理：

一是洗盐。洗盐就是把水灌到盐碱地里，使土壤盐分溶解，通过下渗把表土层中的可溶性盐碱排到深层土中或淋洗出去，侧渗入排水沟加以排除。

二是平整土地。平整土地可使水分均匀下渗，提高降雨淋盐和灌溉洗盐的效果，防止土壤斑状盐渍化。

三是深耕深翻。盐分在土壤中的分布情况为地表层多，下层少，经过耕翻，可把表层土壤中盐分翻扣到耕层下边，把下层含盐较少的土壤翻到表面。翻耕能疏松耕作层，切断土壤毛细管，减弱土壤水分蒸发，短期内有效地控制土壤返盐。春、秋是返盐较重的季节，盐碱地翻耕的时间最好是春季和秋季播种前。

四是保护性耕作。在耕地休闲期，可因地制宜采取秸秆覆盖还田等保护性耕作措施，抑制土壤水分蒸发。

五是增施有机肥，合理施用化肥。盐碱地一般有低温、土瘦、结构差的特点。有机肥经微生物分解、转化形成腐殖质，能提高土壤的缓冲能力，并可和碳酸钠作用形成腐殖酸钠，降低土壤碱性。腐殖酸钠还能刺激作物生长，增强抗盐能力。腐殖质可以促进团粒结构形成，从而使孔度增加，透水性增强，有利于盐分淋洗，抑制返盐。有机质在分解过程中产生大量有机酸，一方面可以中和土壤碱性，另一方面可加速养分分解，促进迟效养分转化，提高磷的有效性。因此，增施有机肥料是改良盐碱地，提高土壤肥力的重要措施。此外，化肥对改良盐碱的作用也受到人们重视，化肥给土壤中增加氮、磷、钾，促进作物生长，提高了作物的耐盐力。

六是用石膏等碱性土壤调理剂对土壤进行改良。

此外，盐碱地治理，要坚持"以地适种"和"以种适地"相结合。2021年10月，习近平总书记在山东东营考察时指出，要转变育种观念，由治理盐碱地适应作物向选育耐盐碱的植物适应盐碱地转变，为盐碱地治理和有效高效利用指明了方向。

【条文】7.2.5　农田土壤风蚀沙化防治，可采取建设农田防护林、实施保护性耕作等措施。

【要点说明】土壤沙化泛指良好的土壤或可利用的土地变成含沙量很高的土壤或土地甚至变成沙漠的过程。土壤沙化过程主要是风蚀和风力堆积的过程。在沙漠周边地区，由于植被破坏、草地过度放牧或开垦为农田，土壤因失水而变得干燥，土粒分散，被风吹蚀，细颗粒含量降低。而在风力过后或减弱的地段，风沙颗粒逐渐堆积于土壤表层而使土壤沙化。

防治土壤风蚀沙化可建设农田防护林和实施保护性耕作。农田防护林建设要点见6.5.4要点说明。保护性耕作是指通过采取少耕、免耕、地表微地形改造技术及地表覆盖、合理种植等综合配套措施，减少农田土壤侵蚀，保护农田生态环境，并获得生态效益、经济效益及社会效益协调发展的可持续农业技术。其核心技术包括少耕、免耕、缓坡地等高耕作、沟垄耕作、残茬覆盖耕作、秸秆覆盖等农田土壤表面耕作技术及其配套的专用机具等，配套技术包括绿色覆盖种植、作物轮作、带状种植、多作种植、合理密植、沙化草地恢复等。

【条文】7.2.6　土壤板结治理，可采取秸秆还田、增施腐殖酸肥料、生物有机肥、种植绿肥、保护性耕作、深耕深松、施用土壤调理剂、测土配方施肥等措施，改善耕层土壤团粒结构。

【要点说明】土壤板结是指由于不合理的灌溉、施肥等农田管理措施，原来土壤疏松透气的团粒成为比较细小的颗粒，导致土壤表层缺乏有机质，结构被破坏，土壤紧实度增加，土表变硬的现象。土壤板结不仅会影响土壤的透气、透水特性，还会阻碍作物出苗，最终影响产量。土壤板结已经成为影响农业生产的主要因素之一，造成土壤板结的因素主要包括农田土壤太黏、有机肥投入不足、秸秆还田量少、长期单一施用化肥等。

防治土壤板结的主要措施包括：一是增施有机肥，改善土壤团粒体结构；二是秸秆还田，提高土壤有机质含量，增加土壤孔隙度，协调土壤中的水肥气热，改善土壤理化性状；三是实施保护性耕作，改善土壤结构、增加土壤有机质；四是运用大马力机械进行深耕深松整地，当深耕深松达到30cm以上时，可以打破犁底层，改善耕层结构；五是施用土壤结构调理剂，疏松土壤，打破板结，改善土壤通透性；六是通过测土配方施肥，调节施肥结构和配比，减少不合理施肥造成的土壤板结。

针对不同的区域，本文件给出了分区土壤改良工程地力参考值指标，见表 7-4（节选自附录 E）。

表 7-4　各区域高标准农田中土壤改良工程地力参考值

序号	区域	范围	土壤改良工程
1	东北区	辽宁、吉林、黑龙江及内蒙古赤峰、通辽、兴安、呼伦贝尔盟（市）	—
2	黄淮海区	北京、天津、河北、山东、河南	土壤 pH 宜为 6.0～7.5，盐碱区≤8.5，盐分含量≤0.3%
3	长江中下游区	上海、江苏、安徽、江西、湖北、湖南	土壤 pH 宜为 5.5～7.5
4	东南区	浙江、福建、广东、海南	土壤 pH 宜为 5.5～7.5
5	西南区	广西、重庆、四川、贵州、云南	土壤 pH 宜为 5.5～7.5
6	西北区	山西、陕西、甘肃、宁夏、新疆（含新疆生产建设兵团）及内蒙古呼和浩特、锡林郭勒、包头、乌海、鄂尔多斯、巴彦淖尔、乌兰察布、阿拉善盟（市）	土壤 pH 宜为 6.0～7.5，盐碱区≤8.5，盐分含量≤0.3%
7	青藏区	西藏、青海	土壤 pH 宜为 6.0～7.5

7.3　障碍土层消除工程

【条文】7.3.1　障碍土层主要包括犁底层（水田除外）、白浆层、黏磐层、钙磐层（砂姜层）、铁磐层、盐磐层、潜育层、沙漏层等类型。

【要点说明】按照《农业大辞典》的定义，障碍土层是土体中存在的理化性质不良、妨碍植物生长的各种土层之统称。障碍土层对植物生长所产生的障碍作用及其程度，因其出现层位及其物质组成而异。常见的障碍层有：犁底层（水田除外）、白浆层、黏磐层、钙磐层（砂姜层）、铁磐层、盐磐层、潜育层、沙漏层等。

（1）犁底层（水田除外）。耕作土壤由于长期受农机具挤压及静水压力作用而在耕作层之下形成的坚实土层。犁底层的形成使农田土壤出现了自然分层，土壤导管被割断，造成农田土壤地表和地下水分的循环补给受阻。主要表现为灌溉时表层水很难突破犁底层而进入下层土壤参与循环，灌溉水流较快，田间表土冲蚀严重。由于北方干旱半干旱地区降水较少而雨季集中，田间降水受犁底层的影响很难导入下层土壤，特别是山区旱地，容易形成地表径流，对田面造成严重的土壤侵蚀，土壤有机质流失严重，从而使农田地力显著下降。此外，犁底层不仅直接影响土壤水循环和土壤盐分运移，而且对植物生长也有影响，表现为一些农作物易倒伏，有些深根系作物的根系生长受限等。

犁底层一般厚度为 5cm～7cm，土壤容重大，一般离地表12cm～20cm。犁底层过厚、坚实，对物质的转移和能量的传递、作物根系下伸、通气透水都非常不利，必须采取深翻或深松措施予以消除。

（2）白浆层。土壤白浆化过程是指在季节性还原淋溶条件下，黏粒与铁锰淋淀的过程。该过程多发生在白浆土与白浆化土壤中，如黑龙江和吉林两省的东北部，在微斜平缓岗地的上轻下黏的母质上，由于黏土层滞水，铁质还原并侧向漂洗，在腐殖质层下形成灰白色漂洗层的土壤。白浆层粉沙粒含量高，黏粒含量低，结构不良，养分含量低，通透性差，是作物高产的障碍土层。

（3）黏磐层。土壤黏化是土壤剖面中黏粒形成和积累的过程，包括残积黏化和淀积黏化。残积黏化是指土内的分化产物，由于缺乏稳定的下降水流，黏粒没有向深层土层迁移，而就地积累，形成一个明显的黏化层或者一个铁质化土层，如华北平原北部的褐土的表土层。淀积黏化是指风化和成土作用形成的黏粒，由上部土层向下悬移和淀积而成的土层，如海南、山东等地的褐土中，黏土层约为 30cm～40cm。

黏磐层土壤质地紧实、黏重，耕性不良，透水性能极差。丰水季节里易造成土体上层滞水，影响根系的正常生长，对植物构成渍害。

（4）钙磐层（砂姜层）。钙磐层是由碳酸盐胶结或硬结，形成连续或不连续的磐层（砂姜是不规则形姜状钙质结核）。钙积过程是干旱或半干旱地区土壤中碳酸钙发生移动和积累的过程，如黑钙土、栗钙土、棕钙土、灰钙土的钙磐层。这种碳酸钙的聚积，可能在母质层，也可能出现在松软表层、黏化层或碱化层中。如果母质富含钙质，而雨量又不足以将石灰淋溶，则易形成钙积层（富含次生碳酸钙，但未胶结或硬结的土层），钙积层出现的深度不同对土壤的影响也不同。

（5）铁磐层。在发生层中伴随着脱硅过程由氧化铁硬结而成的磐层。在热带、亚热带高温高湿条件下，铝硅酸盐矿物迅速强烈分解，释放出大量盐基物质，使风化溶液呈中性或碱性反应，致使硅酸大量淋失。铁、铝等元素却在碱性风化液中发生沉淀、滞留，造成铝、铁、锰氧化物在土体中残留或富集，形成铁磐层。

（6）盐磐层。由易溶性盐胶结或硬结的磐层。土壤盐化过程是指地表水、地下水及母质中含有的盐分，在强烈的蒸发作用下，通过土壤水的垂直或水平移动，逐渐向地表积聚，或者已经脱离地下水或地表水的影响，而表现为残余积盐的过程。盐分主要包括：氯化钠、硫酸钠、氯化镁、硫酸镁等。盐积层，是在冷水中溶解度大于石膏的易溶性盐类富集的土层，厚度≥15cm，干旱地区盐成土含盐量≥20g/kg，其他地区盐成土含盐量≥10g/kg。碱积层，是一种交换性钠含量高的特殊淀积黏化层，呈柱状或棱柱状结构，土体下部40cm范围内某一亚层交换性钠饱和度>30%，表层土含盐量<5g/kg。

盐碱土脱盐过程是指土壤中可溶性盐通过降水或人为灌溉洗盐、开沟排水，降低地下水位，迁移到下层或者排出土体。

（7）潜育层。潜育层是经过潜育化、潴育化过程形成的障碍土层。潜育化是在潜水长期浸渍下土壤发生潜育化作用，高价铁锰化合物还原成低价铁锰化合物，颜色呈蓝绿或青灰的土层。潴育化过程是指水稻土心土层中来自耕作层渗漏水或潜水上升水的还原性铁锰化合物被氧化淀积形成锈纹、锈斑、铁锰结核等新生体，呈棱柱状结构的土层。

潜育层又叫灰黏层、青泥层，黏土矿物分散，状如黏糕。地下水位愈高，潜育层出现的部位离地表愈近。潜育层土性冷，如潜育性水稻土，养分转化缓慢，土性黏重，耕作较难，影响水稻产量。

（8）沙漏层。土体中存在一定厚度的沙层，造成农田土壤水分和养分过快渗漏损失，常表现为漏水漏肥。沙漏层农田改良要根据沙漏层的厚度和沙漏层出现的深度确定改良方式。沙漏层厚度较薄且出现的深度在40cm以内的农田，可采取机械深翻方式，将沙层土与上层土壤充分混合，形成新的土体结构。深翻改造后的农田要采取增施有机肥等措施进行地力培肥。沙漏层出现在40cm以下的农田，一般只采取农艺改良方式，而不采取工程方式进行改造。在修筑田间沟渠时，要特别注意不要打破沙漏层，否则会出现严重的漏水漏肥现象。

【条文】7.3.2　采用深耕、深松、客土等措施，消除障碍土层对作物根系生长和水气运行的限制。作业深度视障碍土层距地表深度和作物生长需要的耕层厚度确定。

【要点说明】深耕是指播种、插秧之前开展的犁田作业，把田地深层的土壤翻上来，浅层的土壤覆下去。深耕具有翻土、松土、混土、碎土的作用，合理深耕能显著促进增产。一是深耕可以疏松土壤，加厚耕层，改善土壤的水气热状况；二是可以熟化土壤，改善土壤营养条件，提高土壤的有效肥力；三是可以建立良好土壤构造，提高作物产量；四是可以消除杂草，防除病虫害。

深松土地也叫土地深松，是指通过拖拉机牵引深松机具，疏松土壤，打破犁底层，改善耕层结构，增强土壤蓄水保墒和抗旱排涝能力的一项耕作技术。深松的作用，一是可以加深耕层，打破犁底层，增加耕层厚度，改善土壤结构，使土壤疏松通气，提高耕地质量。二是增强雨水下渗速度和数量，提高土壤蓄水能力，促进农作物根系下扎，提高作物抗旱、抗倒伏能力。经试验对比，深松一次每亩耕地的蓄水能力可达到 $10m^3$ 以上，是浅耕的 2 倍，可使不同类型土壤透水率提高 5～7 倍。三是深松不翻转土层，使残茬、秸秆、杂草大部分覆盖于地表，既有利于保墒，减少风蚀，又可以吸纳更多的雨水，还可以延缓径流的产生，削弱径流强度，缓解地表径流对土壤的冲刷，减少水土流失，有效地保护土壤。四是土地深松后，可增加肥料的溶解能力，减少化肥的挥发和流失，从而提高肥料的利用率。五是深松后可减少旋耕次数（一般旋耕一遍即可），降低成本。

此外，还可通过客土消除土壤障碍层。

（a）深耕

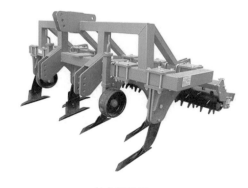

（b）深松机

图 7-1　深耕与深松机

7.4　土壤培肥工程

【条文】**7.4.1**　高标准农田建成后，应通过秸秆还田、施有机肥、种植绿肥、深耕深松等措施，保持或提高耕地地力。土壤有机质含量参考值见附录 E。

【要点说明】高标准农田建成后，需要持续培肥地力，保持高产稳产。培肥地力的主要方法有以下几种。

（1）秸秆还田。秸秆还田是以保护生态环境、促进农业可持续发展和节本增效为目标，以秸秆覆盖留茬还田、就地覆盖或异地覆盖还田、免少耕播种施肥复式作业、轮作、病虫草害综合控制等为主要内容的先进农业技术。具体做法是将收获后的农作物秸秆刈割或切碎后，覆盖或翻埋还田。秸秆还田能够增加土壤有机质，改善土壤结构，具有便捷、快速提高土壤保水保肥性能的特点（图 7 - 2）。

图 7 - 2　秸秆还田

（2）增施有机肥。有机肥种类很多，有人、畜、禽粪尿，土杂肥、厩肥、堆肥和绿肥等。增施有机肥是提高耕地地力的主要方法。首先，有机肥原料来源广泛，可以就地取材，就地积制；只花劳力，不需投入多少资金；可节省化肥，降低生产成本。第二，有机肥含有多种营养元素，除含氮、磷、钾等大量元素外，还含有许多作物所需的中量元素和微量元素，能给作物提供全面的所需营养，同时能提高农产品的品质和适口性。第三，有机肥含有机质和腐殖质，能改良土壤机构，协调土壤的水、肥、气、热，增强土壤的通气、透水能力和保水、供肥、供水能力。第四，有机肥含有生长素、微生物、胡敏酸和氨基酸等有机质，对作物营养生理和生物化学过程能起特殊作用，还能提供二氧化碳供作物进行光合作用。第五，有机肥缓冲性大，可缓和土壤酸碱性变化，可清除或减轻盐碱类土壤对作物的危害。第六，有机肥适用性广，对各类土壤及各种农作物都适用（图7-3）。

图7-3　增施有机肥

（3）种植绿肥。绿肥能够提供大量的土壤有机物质，是农作物营养的主要来源之一。农田种植绿肥，能明显改善理化性状，改良土壤沙、黏、板、瘦、酸、碱、盐等中低产障碍因子，加速土壤熟化，逐步提高土壤肥力等级。利用长期积水的田块和空闲地种植绿肥，可提高光、热、水和土壤等资源的利用率（图7-4）。

图7-4　种植绿肥

此外，深耕、深松也是保持或提高耕地地力的重要措施，见7.3.2要点说明。

【条文】**7.4.2** 高标准农田建成后，应实施测土配方施肥，使养分比例适宜作物生长。测土配方施肥覆盖率应达到95％以上。

【要点说明】测土配方施肥是以土壤测试和肥料田间试验为基础，根据作物需肥规律、土壤供肥性能和肥料效应，在合理施用有机肥料的基础上，提出氮、磷、钾及中、微量元素等肥料的施用数量、施肥时期和施用方法。通俗地讲，就是在农业科技人员指导下科学施用配方肥。

测土配方施肥技术的核心是调节和解决作物需肥与土壤供肥之间的矛盾。同时有针对性地补充作物所需的营养元素，作物缺什么元素补充什么元素，需要多少补多少，实现各种养分平衡供应，满足作物的需要，达到提高肥料利用率和减少用量，提高作物产量，改善农产品品质，节省劳力，节支增收的目的。测土配方施肥技术覆盖率应达到高标准农田建设规划提出的95％以上的要求。

土壤有机质含量高低是衡量地力水平的重要指标。对高标准农田建成3年后的不同区域内高标准农田的土壤有机质含量，本文件给出了明确的目标值，见表7-5（节选自附录E）。

表7-5 各区域高标准农田中土壤培肥工程地力参考值

序号	区域	范围	土壤培肥工程 （高标准农田建成3年后目标值）
1	东北区	辽宁、吉林、黑龙江及内蒙古赤峰、通辽、兴安、呼伦贝尔盟（市）	有机质含量：平原区宜≥30g/kg；养分比例适宜作物生长
2	黄淮海区	北京、天津、河北、山东、河南	有机质含量：平原区宜≥15g/kg，山地丘陵区宜≥12g/kg；养分比例适宜作物生长
3	长江中下游区	上海、江苏、安徽、江西、湖北、湖南	有机质含量：宜≥20g/kg；养分比例适宜作物生长

（续）

序号	区域	范围	土壤培肥工程 （高标准农田建成 3 年后目标值）
4	东南区	浙江、福建、广东、海南	有机质含量：宜≥20g/kg；养分比例适宜作物生长
5	西南区	广西、重庆、四川、贵州、云南	有机质含量：宜≥20g/kg；养分比例适宜作物生长
6	西北区	山西、陕西、甘肃、宁夏、新疆（含新疆生产建设兵团）及内蒙古呼和浩特、锡林郭勒、包头、乌海、鄂尔多斯、巴彦淖尔、乌兰察布、阿拉善盟（市）	有机质含量：宜≥12g/kg；养分比例适宜作物生长
7	青藏区	西藏、青海	有机质含量：宜≥12g/kg；养分比例适宜作物生长

8 管理要求

8.1 土地权属确认与地类变更

【条文】**8.1.1** 高标准农田建设前，应查清土地权属现状，纳入项目库的耕地不应有权属纠纷。高标准农田建设涉及土地权属调整的，要充分尊重权利人意愿，在高标准农田建成后，依法进行土地确权，办理土地变更登记手续，发放土地权利证书，及时更新地籍档案资料。

【要点说明】土地权属调整涉及所有权、承包权和经营权等土地权利的调整。高标准农田建设中需要打乱现有破碎的地块，实现集中连片、规模化经营。在高标准农田建设完成后，如何使用好、经营好土地，土地权属调整非常重要。其中，经营权是高标准农田建设中发生权属调整最多的类型，要按照有关法律法规落实所有权，稳定承包权，放活经营权。强化高标准农田建设中的土地权属调整工作，是保证农田种植、生产、经营工作顺利开展和效益发挥的基础，也符合我国现有的土地制度规定。土地权属调整要和土地变更登记结合起来，才能将权属调整落地实处。开展土地权属调整和变更登记，要按照农业农村部门、自然资源部门出台的有关标准和政策执行。

【条文】**8.1.2** 高标准农田建成后，应按照 GB/T 21010 和自然资源调查监测相关规定，以实际现状进行地类认定与变更，完善有关手续。

【要点说明】高标准农田建设中，农田基础设施建设占地和农田内其他地类开发复垦为耕地的，应按照自然资源部门有关《土地利用现状分类》（GB/T 21010）、《国土空间调查、规划、用途管制用地用海分类指南（试行)》《土地变更调查技术规程》等，对发生现状变化的地类图斑予以确认，计算耕地进出平衡关系，并纳入到当年度土地变更调查中进行地类变更。本条规定了地类认定和变更的技术依据。

8.2 验收与建设评价

【条文】8.2.1 高标准农田建设项目竣工后，应由项目主管部门按照项目现行管理规定组织验收。相关的管理、技术等资料应及时立卷归档，档案资料应真实、完整。

【要点说明】2021 年，农业农村部印发了《高标准农田建设项目竣工验收办法》，按照其要求，项目竣工后，应由县级农业农村部门组织初验后，由项目审批单位组织验收，验收合格的项目印发统一制式的验收合格证书。项目验收完成后要对项目资料进行归档，组织上图入库与信息公开工作。这是履行工程项目建设管理责任的重要环节。

【条文】8.2.2 高标准农田建设项目竣工验收后，应按照有关规定开展评价。

【要点说明】开展项目建设绩效评价与后评价，是确保资金发挥效益、衡量项目建设成效的重要手段。

【条文】8.2.3 因灌溉与排水设施、田间道路、农田防护林等配套设施建设占用，造成建设区域内永久基本农田面积减少的，应予以补足或补划。

【要点说明】高标准农田各类基础设施建设应避免占用永久基本农田，在项目区内尽量实现耕地总量不减少。按照《中华人民共和国土地管理法》《基本农田保护条例》及相关部门政策法规要求，占用永久基本农田的，应按照数量不减、质量不降原则，在可以长期稳定利用的耕地上落实永久基本农田补划任务［《自然资源部 农业农村部 国家林业和草原局关于严格耕地用途管制有关问题的通知》（自然资发〔2021〕166号）］，具体规定按照有关部门文件执行。

8.3 耕地质量评价监测与信息化管理

【条文】8.3.1 高标准农田建设前后，应开展耕地质量等级评定。评定应按GB/T 33469规定执行。建设所产生的新增耕地若用于占补平衡，需在耕地质量评定上与自然资源部门有关管理规定相衔接。

【要点说明】在高标准农田建设前后，首先应按GB/T 33469规定开展耕地质量等级评定。对由于高标准农田建设产生耕地数量、水田、产能指标的，应按照自然资源部门关于耕地质量等别评定有关技术要求，核定新增指标，确保指标真实有效。

【条文】8.3.2 高标准农田耕地质量监测应按NY/T 1119规定执行。

【要点说明】高标准农田建设完成后，应按照NY/T 1119—2019有关技术要求，开展耕地质量长期定位监测等工作，科学评估高标准农田建设后耕地质量变化情况，持续培肥耕地地力，不断提升耕地质量。

【条文】8.3.3 高标准农田建设和利用全过程应采用信息化手段管理，实现集中统一、全程全面、实时动态的管理目标。

【要点说明】为保障高标准农田建设质量，实现精准高效管理，农业农村部建立了"全国农田建设综合监测监管平台"。平台涵盖了农田建设任务下达、分解落实、项目储备、实施监管、审批验收等全周期管理过程，新建高标准农田建设项目应及时在平台中备案并更新项目信息。同时，为了加强监管，还通过遥感监测、实地核查App等手段，不断丰富完善农田建设监管的信息化手段，以实现集中统一、全程全面、实时动态的管理目标。

【条文】**8.3.4** 高标准农田建设信息应上图入库，实现信息共享。

【要点说明】按照《农田建设项目管理办法》等规定，高标准农田建设项目应及时在"全国农田建设综合监测监管平台"备案相关信息（图8-1）。在符合信息管理有关要求的前提下，项目信息数据可共享给有关部门。接收数据的有关部门、单位应履行有关数据管理要求。

图8-1 全国农田建设综合监测监管平台

【条文】**8.3.5** 高标准农田建设情况应以适当方式适时向社会发布。

【要点说明】按照《农田建设项目管理办法》《高标准农田建设项目竣工验收办法》等要求，高标准农田建设项目应提高公众参与程度，在项目管理全过程注重发挥公众作用，并按照有关项目管理要求履行信息公开程序。在项目验收后，应设立规范的信息公示牌，将项目建设单位、设计单位、施工单位、监理单位、立项年度、建设区域、投资规模等信息进行公开（图8-2）。

图 8-2　信息公开

8.4　建后管护

【条文】**8.4.1**　高标准农田建成后，应编制、更新相关图、表、册，完善数据库，设立统一标识，落实保护责任，实行特殊保护。

【要点说明】高标准农田建设完成后，应按有关要求开展资料归档与上图入库工作。为落实 2022 年中央 1 号文件"高标准农田原则上全部用于粮食生产"的要求，建成后的高标准农田应优先划入永久基本农田，并按照良田粮用的要求，落实好耕地利用管控与建后管护工作。高标准农田统一标识见图 8-3。

图 8-3　高标准农田标识

【条文】8.4.2 建立政府引导，行业部门监管，村级组织、受益农户、新型农业经营主体和专业管理机构、社会化服务组织等共同参与的管护机制和体系。

【要点说明】为切实落实高标准农田建后管护工作，各级政府要加强统筹协调，强化行业部门监管责任，充分发挥各类农业生产主体作用，在开展农业生产的同时，落实好基础设施的问题发现反馈、维护修复责任机制，形成全社会共同保护、管护高标准农田的良好氛围。

【条文】8.4.3 按照"谁受益、谁管护，谁使用、谁管护"的原则，落实管护主体，压实管护责任，办理移交手续，签订管护合同。管护主体应对各项工程设施进行经常性检查维护，确保长期有效稳定利用。

【要点说明】《农田建设项目管理办法》规定，项目竣工验收后，应及时按有关规定办理资产交付手续。按照"谁受益、谁管护，谁使用、谁管护"的原则明确工程管护主体，拟定管护制度，落实管护责任，保证工程在设计使用期限内正常运行。村级组织、受益农户、新型农业经营主体、专业管理机构、社会化服务组织是农田管护的直接责任主体，需要落实共用共保的工作机制，确保农田基础设施长久发挥效益。

【条文】8.4.4 新建成的高标准农田应优先划入永久基本农田储备区。

【要点说明】《自然资源部 农业农村部 国家林业和草原局关于严格耕地用途管制有关问题的通知》（自然资发〔2021〕166号）要求，土地整理复垦开发和新建高标准农田增加的优质耕地应当优先划入永久基本农田储备区。高标准农田建设后的耕地基础设施较好、耕地利用条件较高，对符合有关规划要求、未划入永久基本农田的，宜优先纳入永久基本农田储备区，也有利于优质耕地的特殊、永久保护。

8.5 农业科技配套与应用

【条文】8.5.1 高标准农田建设应开展绿色（新）工艺、产品、技术、装备、模式的综合集成及示范推广应用。

【要点说明】 高标准农田建设要突出区域的标准性与辐射带动作用，要做好基础设施建设与农业现代化、机械化、智能化、绿色化生产的有效衔接，以基础设施建设搭建平台，为农业生产转型升级打造基础。

【条文】8.5.2 高标准农田建成后，应加强农业科技配套与应用，推广良种良法。机械化耕种收综合作业水平、优良品种覆盖率、病虫害统防统治覆盖率应超过全国平均水平。有条件的地方应推广病虫害绿色防控、保护性耕作和科学用水用肥用药技术及物联网、大数据、移动互联网、智能控制、卫星定位等信息技术。

【要点说明】 高标准农田建成后应积极推广新技术应用，在有效的农田基础设施条件下，进一步优化农业生产科技、农艺等措施，进一步提高农田粮食生产能力。有条件的地方应推广病虫害绿色防控、保护性耕作和科学用水用肥用药技术及物联网、大数据、移动互联网、智能控制、卫星定位等信息技术。设置的通信系统应满足信息化系统数据、语音、图像等传输要求，可采用公众网络通信方式实现。自动化及通信系统的安全性应满足国家相关规定的要求。

9 附 录

本文件附录共 6 项，其中规范性附录 3 项，资料性附录 3 项。

9.1 附录 A 全国高标准农田建设区域划分

【要点说明】附录 A《全国高标准农田建设区域划分》为资料性附录。关于建设区域划分，不同的文件有不同的划分方式。2012 年发布实施的农业行业标准《高标准农田建设标准》（NY/T 2148—2012），将全国高标准农田建设区域划分为 5 大区域，分别是东北区、华北区、西北区、西南区和东南区；2016 年发布实施的国家标准《耕地质量等级》（GB/T 33469—2016），将全国耕地质量等级区域划分为 9 大区域，分别是东北区、内蒙古及长城沿线区、黄淮海区、黄土高原区、长江中下游区、西南区、华南区、甘新区和青藏区。2014 版《高标准农田建设 通则》没有划分建设区域。2021 年国务院批准的《全国高标准农田建设规划（2021—2030 年)》，依据区域气候特点、地形地貌、水土条件、耕作制度等因素，按照自然资源禀赋与经济条件相对一致、生产障碍因素与破解途径相对一致、粮食作物生产与农业区划相对一致、地理位置相连与省级行政区划相对完整的要求，将全国高标准农田建设分成 7 个区域，分别是：东北区、黄淮海区、长江中下游区、东南区、西南区、西北区和青藏区。规划总结了各区域的主要特点：

　　——东北区。包括辽宁、吉林、黑龙江 3 省，以及内蒙古的赤峰、通辽、兴安和呼伦贝尔 4 盟（市）。耕地集中连片，以平原区为主，丘陵漫岗区为辅。土壤类型以黑土、暗棕壤和黑钙土为主。耕地立地条件较好，土壤比较肥沃。春旱、低温冷害较严重，土壤墒情不足；部分耕地存在盐碱化和土壤酸化等障碍因素，土壤有机质下降、养分不平衡。坡耕地与风蚀沙化土地水土和养分流失较严重，黑土地退化和肥力下降风险较大。水资源总量相对丰富，但分布不均，局部地区地下水超采严重。农田基础设施较为薄弱，有效灌溉面积少，田间道路建设标准低，农田输配水、农田防护林和生态保护等工程设施普遍缺乏。

——黄淮海区。包括北京、天津、河北、山东和河南5省（直辖市）。耕地以平原区居多。土壤类型以潮土、砂姜黑土、棕壤、褐土为主。耕地立地条件较好，土壤养分含量中等，耕地质量等级以中上等居多。耕作层变浅，部分地区土壤可溶性盐含量和碱化度超过限量，土壤板结，犁底层加厚，容重变大，蓄水保肥能力下降。淮河北部及黄河南部地区砂姜黑土易旱易涝，地力下降潜在风险大。夏季高温多雨，春季干旱少雨，时空分布差异大，灌溉水总量不足，地下水超采面积大，形成多个漏斗区。农田基础设施水平不高，田间沟渠防护少，灌溉水利用效率偏低。

——长江中下游区。包括上海、江苏、安徽、江西、湖北和湖南6省（直辖市）。大部分耕地在平原区，坡耕地不多。土壤类型以水稻土、黄壤、红壤、潮土为主。土壤立地条件较好，土壤养分处于中等水平，耕地质量等级以中等偏上为主。土壤酸化趋势较重，有益微生物减少，存在滞水潜育等障碍因素。水资源丰富，灌溉水源充足。农田基础设施配套不足，田间道路、灌排、输配电和农田防护与生态环境保护等工程设施参差不齐。

——东南区。包括浙江、福建、广东和海南4省。耕地以平地居多。土壤类型以水稻土、赤红壤、红壤、砖红壤为主。耕地立地条件一般，土壤养分处于中等水平，耕地质量等级以中等偏下为主。部分地区农田土壤酸化、潜育化，部分水田冷浸问题突出。气候温暖多雨，水资源丰沛。农田基础设施配套不足，田间道路、灌排、输配电和农田防护等工程设施建设标准不高。

——西南区。包括广西、重庆、四川、贵州和云南 5 省（自治区、直辖市）。以坡耕地为主，地块小而散，平地较少。土壤类型以水稻土、紫色土、红壤、黄壤为主。土壤立地条件一般，耕地质量等级以中等为主。土壤酸化较重，农田滞水潜育现象普遍；山地丘陵区土层浅薄、贫瘠、水土流失严重；石漠化面积大。气候类型多样，水资源较丰沛，但不同地区、季节和年际之间差异大。农田建设基础条件较差，田间道路、灌排等工程设施普遍不足，农田防护能力差，水土流失严重，抵御自然灾害能力不足。

——西北区。包括山西、陕西、甘肃、宁夏和新疆（含新疆生产建设兵团）5 省（自治区），以及内蒙古的呼和浩特、锡林郭勒、包头、乌海、鄂尔多斯、巴彦淖尔、乌兰察布、阿拉善 8 盟（市）。土壤类型以黄绵土、灌淤土、灰漠土、褐土、栗褐土、栗钙土、潮土、盐化土为主。耕地立地条件较差，土壤养分贫瘠，耕地质量等级以中下等为主。土壤有机质含量低，盐碱化、沙化严重，地力退化明显，保水保肥能力差。光照充足，风沙较大，生态环境脆弱，干旱缺水，是我国水资源最匮乏地区，农业开发难度较大。农田建设基础条件薄弱，田间道路连通性差、通行标准低，农田灌排工程普遍缺乏，农田防护水平低，土壤沙化、盐碱化严重，农业生产力水平较低。

——青藏区。包括西藏、青海 2 省（自治区）。山地和丘陵地较多，坡耕地占比较高。土壤类型以亚高山草甸土、黑钙土、栗钙土为主。耕地立地条件差，土壤养分贫瘠，耕地质量等级较低。土壤肥力差，土层浅薄，存在砂砾层等障碍层次。高寒气候，可耕地少，农业发展受到限制。农田建设基础条件薄弱，田间道路、灌排、输配电和农田防护与生态环境保护等工程设施普遍短缺，农业生产力水平低下。

考虑与规划的一致性，《通则》修订时，建设区域采取了与规划相同的划分方法，也划分为以上 7 个区域。

9.2 附录 B 高标准农田基础设施建设工程体系

【要点说明】附录 B《高标准农田基础设施建设工程体系》为规范性附录。新《通则》沿用了原《通则》的方法，按照高标准农田建设的工程类型、特征及内部联系构建了各部分建设内容的工程体系。工程体系分为基础设施建设工程体系和地力提升工程体系两部分，附录 B 为基础设施建设工程体系。工程体系分为三级。对于二级和三级工程体系，给出了解释性说明。新《通则》对高标准农田基础设施建设工程进行了系统梳理和完善。

——田块整治工程，二、三级工程体系与原《通则》保持一致；

——灌溉与排水工程，二级工程体系由水源工程、输水工程、喷微灌工程、排水工程、渠系建筑物工程和泵站，调整为小型水源工程、输配水工程、渠系建筑物工程、田间灌溉工程和排水工程。泵站调整到小型水源工程内；将喷微灌工程调整为田间灌溉工程，包括地面灌溉、喷灌、微灌和管道输水灌溉三级工程体系；

——田间道路工程，增加附属设施二级工程体系；

——农田防护与生态环境保护工程，二级工程体系与原《通则》保持一致，三级工程体系略有调整；

——农田输配电工程，二级工程体系增加弱电工程，取消输电线路下的三级工程体系；

——其他工程，取消三级工程体系，完善田间监测工程二级工程体系内涵，由"为动态监测耕地质量而修建的监测小区和监测设施"调整为"监测农田生产条件、土壤墒情、土壤主要理化性状、农业投入品、作物产量、农田设施维护等情况的站点"。

9.3 附录 C 各区域高标准农田基础设施工程建设要求

【要点说明】附录 C《各区域高标准农田基础设施工程建设要求》

为规范性附录。分区域给出了"田、水、路、林、电"五部分农田基础设施建设工程最重要的指标要求。

——田块整治工程，包括田面高差和田块横、纵向坡度确定依据；耕层厚度和有效土层厚度要求；

——灌溉与排水工程，包括灌溉设计保证率、农田排水设计暴雨重现期、设计暴雨历时、排除时间和排水要求；

——田间道路工程，包括机耕路和生产路路宽、道路通达度要求；

——农田防护与生态环境保护工程，提出了农田防护面积比例要求；

——农田输配电工程，提出了工程建设应执行的标准规定。

同时，附录 C 规定，如果部分地区的气候条件、地形地貌、障碍因素和水源条件等与相邻区域类似，建设要求可参照相邻区域。

9.4　附录 D　高标准农田地力提升工程体系

【要点说明】附录 D《高标准农田地力提升工程体系》为规范性附录。与附录 B《高标准农田基础设施建设工程体系》共同构成了高标准农田建设完整的工程体系。

高标准农田地力提升工程二级工程体系，包括土壤改良工程、障碍土层消除工程和土壤培肥工程。土壤改良工程的三级工程体系包括土壤质地改良、酸化土壤改良、盐碱土壤改良、土壤风蚀沙化防治和板结土壤治理；障碍土层消除工程的三级工程体系包括深耕和深松。

9.5　附录 E　高标准农田地力参考值

【要点说明】附录 E《高标准农田地力参考值》为资料性附录。分区域给出了"改土、除障、培肥"三部分农田地力提升工程最重要的指标要求。

——土壤改良工程，包括土壤 pH 和盐分含量要求；

——障碍土层消除工程，提出了深耕深松作业深度的确定依据；

——土壤培肥工程，提出了高标准农田建成 3 年后土壤有机质含量和养分比例要求。

附录 E 还分区域提出了高标准农田建成后应达到的耕地质量等级。同时，附录 E 规定，如果部分地区的气候条件、地形地貌、障碍因素和水源条件等与相邻区域类似，农田地力可参照相邻区域。

9.6　附录 F　高标准农田粮食综合生产能力参考值

【要点说明】附录 F《高标准农田粮食综合生产能力参考值》为资料性附录。详见条文 7.1.3 要点说明。

10　参考文献

本文件参考文献共 33 项。其中国家标准 14 项，电力行业标准 1 项，交通行业标准 2 项，林业行业标准 1 项，农业行业标准 7 项，水利行业标准 2 项，地方标准 1 项，有关文件、规划、技术规定等 5 项。

［1］GB/T 15776《造林技术规程》

该规程由国家质量监督检验检疫总局和国家标准化管理委员会联合发布，最新版本为《造林技术规程》（GB/T 15776—2016），自 2017 年 1 月 1 日起实施。

［2］GB/T 16453.1《水土保持综合治理　技术规范　坡耕地治理技术》

该标准由国家质量监督检验检疫总局和国家标准化管理委员会联合发布，最新版本为《水土保持综合治理　技术规范　坡耕地治理技术》（GB/T 16453.1—2008），自 2009 年 2 月 1 日起实施。

［3］GB/T 16453.5《水土保持综合治理　技术规范　风沙治理技术》

该标准由国家质量监督检验检疫总局和国家标准化管理委员会联合发布，最新版本为《水土保持综合治理　技术规范　风沙治理技术》（GB/T 16453.5—2008），自 2009 年 2 月 1 日起实施。

［4］GB/T 18337.3《生态公益林建设　技术规程》

该规程由国家质量监督检验检疫总局和国家标准化管理委员会联合发布，《生态公益林建设　技术规程》（GB/T 18337.3—2001）自 2001 年 5 月 1 日起实施。

［5］GB/T 24689.7《植物保护机械 农林作物病虫观测场》

该标准由国家质量监督检验检疫总局和国家标准化管理委员会联合发布，《植物保护机械 农林作物病虫观测场》（GB/T 24689.7—2009）自 2010 年 4 月 1 日起实施。

［6］GB/T 28407《农用地质量分等规程》

该规程由国家质量监督检验检疫总局和国家标准化管理委员会联合发布，《农用地质量分等规程》（GB/T 28407—2012）自 2012 年 10 月 1 日起实施。

［7］GB/T 30949《节水灌溉项目后评价规范》

该规范由国家质量监督检验检疫总局和国家标准化管理委员会联合发布，《节水灌溉项目后评价规范》（GB/T 30949—2014）自 2015 年 1 月 10 日起实施。

［8］GB/T 32748《渠道衬砌与防渗材料》

该标准由国家质量监督检验检疫总局和国家标准化管理委员会联合发布，《渠道衬砌与防渗材料》（GB/T 32748—2016）自 2017 年 1 月 1 日起实施。

［9］GB/T 35580《建设项目水资源论证导则》

该标准由国家质量监督检验检疫总局和国家标准化管理委员会联合发布，最新版本为《建设项目水资源论证导则》（GB/T 35580—2017），自 2018 年 4 月 1 日起实施。

［10］GB 50054《低压配电设计规范》

该规范由住房和城乡建设部发布，最新版本为《低压配电设计规范》（GB 50054—2011），自 2012 年 6 月 1 日起实施。

［11］GB 50060《3－110kV 高压配电装置设计规范》

该规范由住房和城乡建设部发布，最新版本为《3－110kV 高压配电装置设计规范》（GB 50060—2008），自 2009 年 6 月 1 日起实施。

［12］GB/T 50065《交流电气装置的接地设计规范》

该规范由住房和城乡建设部和国家质量监督检验检疫总局联合

发布，最新版本为《交流电气装置的接地设计规范》（GB/T 50065—2011），自 2012 年 6 月 1 日起实施。

[13] GB/T 50769《节水灌溉工程验收规范》

该规范由住房和城乡建设部和国家质量监督检验检疫总局联合发布，《节水灌溉工程验收规范》（GB/T 50769—2012）自 2012 年 10 月 1 日起实施。

[14] GB/T 50817《农田防护林工程设计规范》

该规范由住房和城乡建设部和国家质量监督检验检疫总局联合发布，《农田防护林工程设计规范》（GB/T 50817—2013）自 2013 年 5 月 1 日起实施。

[15] DL 477《农村电网低压电气安全工作规程》

该规程由国家能源局发布，最新版本为《农村电网低压电气安全工作规程》（DL 477—2010），自 2011 年 5 月 1 日起实施。

[16] JTG 2111《小交通量农村公路工程技术标准》

该标准由交通运输部发布，《小交通量农村公路工程技术标准》（JTG 2111—2019）自 2019 年 6 月 1 日起实施。

[17] JTG/T 5190《农村公路养护技术规范》

该规范由交通运输部发布，《农村公路养护技术规范》（JTG/T 5019—2019）自 2019 年 7 月 1 日起实施。

[18] LY/T 1607《造林作业设计规程》

该规程由国家林业局发布，《造林作业设计规程》（LY/T 1607—2003）自 2003 年 12 月 1 日起实施。

[19] NY/T 309《全国耕地类型区、耕地地力等级划分》

该标准由农业部发布，《全国耕地类型区、耕地地力等级划分》（NY/T 309—1996）自 1997 年 6 月 1 日起实施。

[20] NY 525《有机肥料》

该标准由农业农村部发布，最新版本为《有机肥料》（NY 525—2021），自 2021 年 6 月 1 日起实施。

［21］NY/T 1120《耕地质量验收技术规范》

该规范由农业部发布，《耕地质量验收技术规范》（NY/T 1120—2006）自 2006 年 10 月 1 日起实施。

［22］NY/T 1634《耕地地力调查与质量评价技术规程》

该规程由农业部发布，《耕地地力调查与质量评价技术规程》（NY/T 1634—2008）自 2008 年 7 月 1 日起实施。

［23］NY/T 1782《农田土壤墒情监测技术规范》

该规范由农业部发布，《农田土壤墒情监测技术规范》（NY/T 1782—2009）自 2010 年 2 月 1 日起实施。

［24］NY/T 2148《高标准农田建设标准》

该标准由农业部发布，《高标准农田建设标准》（NY/T 2148—2012）自 2012 年 3 月 1 日起实施。

［25］NY/T 3443《石灰质改良酸化土壤技术规范》

该规范由农业农村部发布，《石灰质改良酸化土壤技术规范》（NY/T 3443—2019）自 2019 年 11 月 1 日起实施。

［26］SL/T 4《农田排水工程技术规范》

该规范由水利部发布，最新版本为《农田排水工程技术规范》（SL/T 4—2020），自 2020 年 9 月 30 日起实施。

［27］SL/T 246《灌溉与排水工程技术管理规程》

该规程由水利部发布，最新版本为《灌溉与排水工程技术管理规程》（SL/T 246—2019），自 2020 年 2 月 1 日起实施。

［28］DB 61/T 991.6—2015《土地整治高标准农田建设　第 6 部分：农田防护与生态环境保持》

该标准由陕西省质量技术监督局发布，《土地整治高标准农田建设　第 6 部分：农田防护与生态环境保持》（DB 61/T 991.6—2015）自 2016 年 1 月 1 日起实施。

［29］国务院办公厅关于切实加强高标准农田建设　提升国家粮食安全保障能力的意见（国办发〔2019〕50 号）

［30］全国高标准农田建设规划（2021—2030 年）

［31］农田建设项目管理办法（农业农村部令 2019 年第 4 号）

［32］自然资源部办公厅 国家林业和草原局办公室关于生态保护红线划定中有关空间矛盾冲突处理规则的补充通知（自然资办函〔2021〕458 号）

［33］平原绿化工程建设技术规定（林造发〔2013〕31 号）

第三部分

《高标准农田建设　通则》
（GB/T 30600—2022）

ICS 07.040
CCS A 76

中华人民共和国国家标准

GB/T 30600—2022
代替 GB/T 30600—2014

高标准农田建设 通则

Well–facilitated farmland construction—General rules

2022-03-09发布

2022-10-01实施

国家市场监督管理总局
国家标准化管理委员会 发 布

目　　次

前　　言

本文件按照 GB/T 1.1—2020《标准化工作导则　第 1 部分：标准化文件的结构和起草规则》的规定起草。

本文件代替 GB/T 30600—2014《高标准农田建设　通则》，与 GB/T 30600—2014 相比，除结构调整和编辑性改动外，主要技术变化如下：

——更改了"规划引导原则、因地制宜原则和数量、质量、生态并重原则"的内容（见 4.1~4.3，2014 年版的 4.1~4.3）；

——增加了"绿色生态原则"（见 4.4）；

——将"维护权益原则"更改为"多元参与原则"（见 4.5，2014 年版的 4.4）；

——将"可持续利用原则"更改为"建管并重原则"（见 4.6，2014 年版的 4.5）；

——增加了全国高标准农田建设区域划分（见 5.1 和附录 A）；

——更改了高标准农田建设的重点区域、限制区域、禁止区域的内容（见 5.3~5.5，2014 年版的 5.2~5.4）；

——将"土地平整"更改为"田块整治"，更改了田块整治工程的建设要求（见 6.2，2014 年版的 6.2、附录 B 的 B.1）；

——更改了灌溉与排水工程各部分建设内容的建设要求（见 6.3，2014 年版的 6.4、B.3）；

——更改了田间道路工程部分建设内容的建设要求（见 6.4，2014 年版的 6.5、B.4）；

——更改了农田防护与生态环境保护工程各部分建设内容的建设要求（见 6.5，2014 年版的 6.6、B.5）；

——更改了农田输配电工程各部分建设内容的建设要求（见

6.6，2014 年版的 6.7、B.6）；

——将"土壤改良"和"土壤培肥"更改为"农田地力提升工程"（见第 7 章，2014 年版的 6.3、9.2、B.2）；

——将"管理要求""监测与评价""建后管护与利用"更改为"管理要求"（见第 8 章，2014 年版的第 7 章、第 8 章、第 9 章）；

——更改了高标准农田基础设施建设工程体系（见附录 B，2014 年版的附录 A）；

——删除了高标准农田建设统计表（见 2014 年版的附录 C）；

——增加了各区域高标准农田基础设施工程建设要求（见附录 C）；

——增加了高标准农田地力提升工程体系（见附录 D）；

——增加了高标准农田地力参考值（见附录 E）；

——增加了高标准农田粮食综合生产能力参考值（见附录 F）。

请注意本文件的某些内容可能涉及专利。本文件的发布机构不承担识别专利的责任。

本文件由中华人民共和国农业农村部提出并归口。

本文件起草单位：农业农村部工程建设服务中心、农业农村部耕地质量监测保护中心、全国农业技术推广服务中心、国家林业和草原局调查规划设计院。

本文件主要起草人：郭永田、郭红宇、杜晓伟、刘瀛弢、王志强、李荣、何冰、郝聪明、陈子雄、韩栋、楼晨、宋昆、杨红、郑磊、赵明、吴勇、袁晓奇、胡恩磊、孙春蕾、辛景树、李红举、王志强、高祥照、陈新云、陈守伦、谭炳昌、胡炎、周同。

本文件所代替文件的历次版本发布情况为：

——2014 年首次发布为 GB/T 30600—2014；

——本次为第一次修订。

引　言

GB/T 30600—2014 自发布以来，对统一高标准农田建设标准，提升农田建设质量，规范农田建设活动发挥了重要作用。近年来，农业农村形势和高标准农田建设管理体制的新变化，对高标准农田建设提出了新的更高要求。同时，GB/T 30600—2014 引用的 GB 50288、GB/T 21010 等标准陆续修订，GB/T 33469 等相关标准发布实施，GB/T 30600—2014 在实际应用中问题逐渐显现，难以满足农业现代化发展要求。为不断完善农田基础设施，提升农田地力，夯实国家粮食安全保障基础，《国务院办公厅关于切实加强高标准农田建设 提升国家粮食安全保障能力的意见》（国办发〔2019〕50 号）要求加快修订高标准农田建设通则。

高标准农田建设 通则

1 范围

本文件确立了高标准农田建设的基本原则，规定了建设区域、农田基础设施建设和农田地力提升工程建设内容与技术要求、管理要求等。

本文件适用于高标准农田新建和改造提升活动。

2 规范性引用文件

下列文件中的内容通过文中的规范性引用而构成本文件必不可少的条款。其中，注日期的引用文件，仅该日期对应的版本适用于本文件；不注日期的引用文件，其最新版本（包括所有的修改单）适用于本文件。

GB 5084　农田灌溉水质标准

GB/T 12527　额定电压 1kV　及以下架空绝缘电缆

GB/T 14049　额定电压 10kV　架空绝缘电缆

GB/T 20203　管道输水灌溉工程技术规范

GB/T 21010　土地利用现状分类

GB/T 33469　耕地质量等级

GB 50053　20kV 及以下变电所设计规范

GB/T 50085　喷灌工程技术规范

GB 50265　泵站设计规范

GB 50288　灌溉与排水工程设计标准

GB/T 50363　节水灌溉工程技术标准

GB/T 50485　微灌工程技术标准

GB/T 50596　雨水集蓄利用工程技术规范

GB/T 50600　渠道防渗衬砌工程技术标准

GB/T 50625　机井技术规范

GB 51018　水土保持工程设计规范

DL/T 5118　农村电力网规划设计导则

DL/T 5220　10kV 及以下架空配电线路设计规范

NY/T 1119　耕地质量监测技术规程

SL 482　灌溉与排水渠系建筑物设计规范

SL/T 769　农田灌溉建设项目水资源论证导则

3　术语和定义

下列术语和定义适用于本文件。

3.1

高标准农田　well‐facilitated farmland

田块平整、集中连片、设施完善、节水高效、农电配套、宜机作业、土壤肥沃、生态友好、抗灾能力强，与现代农业生产和经营方式相适应的旱涝保收、稳产高产的耕地。

3.2

高标准农田建设　well‐facilitated farmland construction

为减轻或消除主要限制性因素、全面提高农田综合生产能力而开展的田块整治、灌溉与排水、田间道路、农田防护与生态环境保护、农田输配电等农田基础设施建设和土壤改良、障碍土层消除、土壤培肥等农田地力提升活动。

3.3

田块整治工程　field consolidation engineering

为满足农田耕作、灌溉与排水、水土保持等需要而采取的田块修筑和耕地地力保持措施。

注：包括耕作田块修筑工程和耕作层地力保持工程。

3.4

土壤有机质　soil organic matter

土壤中形成的和外加入的所有动植物残体不同阶段的各种分解产物和合成产物的总称。

注：包括高度腐解的腐殖物质、解剖结构尚可辨认的有机残体和各种微生物体。

［来源：GB/T 33469—2016，3.9，有修改］

3.5

有效土层厚度　effective soil layer thickness

作物能够利用的母质层以上的土体总厚度；当有障碍层时，为障碍层以上的土层厚度。

［来源：GB/T 33469—2016，3.14］

3.6

耕层厚度　plough layer thickness

经耕种熟化而形成的土壤表土层厚度。

［来源：GB/T 33469—2016，3.15］

3.7

耕地地力　cultivated land productivity

在当前管理水平下，由土壤立地条件、自然属性等相关要素构成的耕地生产能力。

［来源：GB/T 33469—2016，3.2］

3.8

耕地质量　cultivated land quality

由耕地地力、土壤健康状况和田间基础设施构成的满足农产品持续产出和质量安全的能力。

4　基本原则

4.1　规划引导原则。符合全国高标准农田建设规划、国土空间规划、国家有关农业农村发展规划等，统筹安排高标准农田建设。

4.2　因地制宜原则。各地根据自然资源禀赋、农业生产特征及主要障碍因素，确定建设内容与重点，采取相应的建设方式和工程措施，什么急需先建什么，缺什么补什么，减轻或消除影响农田综合生产能力的主要限制性因素。

4.3　数量、质量并重原则。通过工程建设和农田地力提升，稳定或增加高标准农田面积，持续提高耕地质量，节约集约利用耕地。

4.4　绿色生态原则。遵循绿色发展理念，促进农田生产和生态和谐发展。

4.5 多元参与原则。尊重农民意愿，维护农民权益，引导农民群众、新型农业经营主体、农村集体经济组织和各类社会资本有序参与建设。

4.6 建管并重原则。健全管护机制，落实管护责任，实现可持续高效利用。

5 建设区域

5.1 根据不同区域的气候条件、地形地貌、障碍因素和水源条件等，将全国高标准农田建设区域划分为东北区、黄淮海区、长江中下游区、东南区、西南区、西北区、青藏区7大区域。全国高标准农田建设区域划分见附录A。

5.2 建设区域农田应相对集中、土壤适合农作物生长、无潜在地质灾害，建设区域外有相对完善的、能直接为建设区提供保障的基础设施。

5.3 高标准农田建设的重点区域包括：已划定的永久基本农田和粮食生产功能区、重要农产品生产保护区。

5.4 高标准农田建设限制区域包括：水资源贫乏区域，水土流失易发区、沙化区等生态脆弱区域，历史遗留的挖损、塌陷、压占等造成土地严重损毁且难以恢复的区域，安全利用类耕地，易受自然灾害损毁的区域，沿海滩涂、内陆滩涂等区域。

5.5 高标准农田建设禁止区域包括：严格管控类耕地，生态保护红线内区域，退耕还林区、退牧还草区，河流、湖泊、水库水面及其保护范围等区域。

6 农田基础设施建设工程

6.1 一般规定

6.1.1 应结合各地实际，按照区域特点和存在的耕地质量问题，采取针对性措施，开展高标准农田建设。

6.1.2 通过高标准农田建设，促进耕地集中连片，提升耕地质量，稳定或增加有效耕地面积；优化土地利用结构与布局，实现节约集约利用和规模效益；完善基础设施，改善农业生产条件，提高机械化作业水平，增强防灾减灾能力；加强农田生态建设和环境保护，实现农业生产和生态保护相协调；建立监测、评价和管护体系，实现持续高效利用。

6.1.3　农田基础设施建设工程包括田块整治、灌溉与排水、田间道路、农田防护与生态环境保护、农田输配电及其他工程。按照工程类型、特征及内部联系构建的工程体系分级应按附录B规定执行，各区域高标准农田基础设施工程建设要求按附录C规定执行。

6.1.4　鼓励应用绿色材料和工艺，建设生态型田埂、护坡、渠系、道路、防护林、缓冲隔离带等，减少对农田环境的不利影响。

6.1.5　田间基础设施占地率指农田中灌溉与排水、田间道路、农田防护与生态环境保护、农田输配电等设施占地面积与建设区农田面积的比例，一般不高于8%。田间基础设施占地涉及的地类按照GB/T 21010规定执行。

6.1.6　农田基础设施建设工程使用年限指高标准农田各项工程设施按设计标准建成后，在常规维护条件下能够正常发挥效益的最低年限。各项工程设施使用年限应符合相关专业标准规定，整体工程使用年限一般不低于15年。

6.2　田块整治工程

6.2.1　耕作田块是由田间末级固定沟、渠、路、田坎等围成的，满足农业作业需要的基本耕作单元。应因地制宜进行耕作田块布置，合理规划，提高田块归并程度，实现耕作田块相对集中。耕作田块的长度和宽度应根据气候条件、地形地貌、作物种类、机械作业、灌溉与排水效率等因素确定，并充分考虑水蚀、风蚀。

6.2.2　耕作田块应实现田面平整。田面高差、横向坡度和纵向坡度根据土壤条件和灌溉方式合理确定。

6.2.3　田块平整时不宜打乱表土层与心土层，确需打乱应先将表土进行剥离，单独堆放，待田块平整完成后，再将表土均匀摊铺到田面上。

6.2.4　田块整治后，有效土层厚度和耕层厚度应符合作物生长需要。

6.2.5　平原区以修筑条田为主；丘陵、山区以修筑梯田为主，并配套坡面防护设施，梯田田面长边宜平行等高线布置；水田区耕作田块内部宜布置格田。田面长度根据实际情况确定，宽度应便于机械作业和田间管理。

6.2.6 地面坡度为 $5°\sim25°$ 的坡耕地，宜改造成水平梯田。土层较薄时，宜先修筑成坡式梯田，再经逐年向下方翻土耕作，减缓田面坡度，逐步建成水平梯田。

6.2.7 梯田修筑应与沟道治理、坡面防护等工程相结合，提高防御暴雨冲刷能力。

6.2.8 梯田埂坎宜采用土坎、石坎、土石混合坎或植物坎等。在土质黏性较好的区域，宜采用土坎；在易造成冲刷的土石山区，应结合石块、砾石的清理，就地取材修筑石坎；在土质稳定性较差、易造成水土流失的地区，宜采用石坎、土石混合坎或植物坎。

6.3 灌溉与排水工程

6.3.1 灌溉与排水工程指为防治农田旱、涝、渍和盐碱等对农业生产的危害所修建的水利设施，应遵循水土资源合理利用的原则，根据旱、涝、渍和盐碱综合治理的要求，结合田、路、林、电进行统一规划和综合布置。

6.3.2 灌溉与排水工程应配套完整，符合灌溉与排水系统水位、水量、流量、水质处理、运行、管理等要求，满足农业生产的需要。

6.3.3 灌溉工程设计时应首先确定灌溉设计保证率。灌溉设计保证率按附录C各区域建设要求执行。

6.3.4 水源选择应根据当地实际情况，选用能满足灌溉用水要求的水源，水质应符合 GB 5084 的规定。水源利用应以地表水为主，地下水为辅，严格控制开采深层地下水。水源配置应考虑地形条件、水源特点等因素，合理选用蓄、引、提或组合的方式。水资源论证应按 SL/T 769 规定执行。

6.3.5 水源工程应根据水源条件、取水方式、灌溉规模及综合利用要求，选用经济合理的工程形式。水源工程建设符合下列要求。

——井灌工程的泵、动力输变电设备和井房等配套率应达到100%。

——塘堰（坝）容量应小于 100 000m³，挡水、泄水和放水建筑物等应配套齐全。

——蓄水池容量应控制在 10 000m³ 以下，四周应修建高度 1.2m 以上的防护栏，并在醒目位置设置安全警示标识。

——小型集雨池（窖）、水柜等容量不宜大于 500m³。集雨场、引水沟、沉沙池、防护围栏、取用水设施等应配套齐全，相关设计应符合 GB/T 50596 的规定。

——斗渠（含）以下引水和提水泵站的设计流量或装机容量应根据灌溉设计保证率、设计灌水率、设计灌溉面积、灌溉水利用系数及灌溉区域内调蓄容积等综合分析计算确定，引水设计流量应与上级支渠、干渠等骨干工程输配水衔接，提水泵站的装机容量宜控制在 200kW 以下，泵站设计应符合 GB 50265 的规定。

——机井设计应根据水文地质条件和地下水资源利用规划，按照合理开发、采补平衡的原则确定经济合理的地下水开采规模和主要设计参数。机井设计应符合 GB/T 50625 的规定。

6.3.6　渠（沟）道、管道工程应按灌溉与排水规模、地形条件、宜机作业和耕作要求合理布置。工程建设符合下列要求。

——在固定输水渠道上的分水、控水、量水、衔接和交叉等建筑物应配套齐全。

——平原地区斗渠（沟）以下各级渠（沟）宜相互垂直，斗渠（沟）长度宜为 1 000m～3 000m，间距应与农渠（沟）长度相适宜；农渠（沟）长度、间距应与条田的长度、宽度相适宜。河谷冲积平原区、低山丘陵区的斗、农渠（沟）长度可适当缩短。

——斗渠和农渠等固定渠道宜综合考虑生产与生态需要，因地制宜进行衬砌处理。防渗应满足 GB/T 50600 的规定。

——采用管道输水灌溉，管道系统应结合地形、水源位置、田块形状及沟、路走向优化布置。支管上布置出水口，单个出水口的出水量应通过控制灌溉的格田面积、作物类型、灌水定额计算确定。各用水单位应独立配水。管道系统宜采用干管续灌、支管轮灌的工作制度。规模不大的管道系统可采用续灌工作制度。管道输水灌溉工程建设应按 GB/T 20203 规定执行。

——季节性冻土区，冻土深度大于 10cm 的衬砌渠道应进行抗冻胀设计。冻土深度小于 1.5m 的地区，固定管道应埋在冻土层以下，且顶部覆土厚度不小于 70cm，管道系统末端需布置泄水井；冻土深度大于或等于 1.5m 的地区，固定管道抗冻要求，按 GB 50288 规定执行。

6.3.7 渠系建筑物指斗渠（含）以下渠道的建筑物，主要包括农桥、渡槽、倒虹吸管、涵洞、水闸、跌水与陡坡、量水设施等，工程设计按 SL 482 规定执行，工程建设符合下列要求。

——渠系建筑物使用年限应与灌溉与排水系统主体工程相一致。

——农桥桥长应与所跨沟渠宽度相适应，桥宽宜与所连接道路的宽度相适应。荷载应按不同类型及最不利组合确定。

——渡槽应根据实际情况，采取具有抗渗、抗冻、抗磨、抗侵蚀等功能的建筑材料及成熟实用的结构型式修建。

——倒虹吸管应根据水头和跨度，因地制宜采用不同的布置型式，进口处宜根据水源情况设置沉沙池、拦渣设施，管身最低处设冲沙阀。

——涵洞应根据无压或有压要求确定拱形、圆形或矩形等横断面形式，涵洞的过流能力应与渠（沟）道的过流能力相匹配。承压较大的涵洞应使用钢筋混凝土管涵、方涵或其他耐压管涵，管涵应设混凝土或砌石管座。

——在灌溉渠道轮灌组分界处或渠道断面变化较大的地点应设置节制闸，在分水渠道的进口处宜设置分水闸，在斗渠末端的位置宜设置退水闸，从水源引水进入渠道时宜设置进水闸控制入渠流量。

——跌水与陡坡应采用砌石、混凝土等抗冲耐磨材料建造。

——渠灌区在渠道的引水、分水、退水处应根据需要设置量水堰、量水槽等量水设施，井灌区应根据需要设置管道式量水仪表。

6.3.8 应推广节水灌溉技术，提高水资源利用效率，因地制宜采取渠道防渗、管道输水灌溉、喷微灌等节水灌溉措施，灌溉水利用系数应符合 GB/T 50363 的规定。

6.3.9 应根据气象、作物、地形、土壤、水源、水质及农业生产、发展、管理和经济社会等条件综合分析确定田间灌溉方式。地面灌溉工程建设应按 GB 50288 规定执行，喷灌工程建设应按 GB/T 50085 规定执行，滴灌、微喷和小管出流等形式的微灌工程建设应按 GB/T 50485 规定执行，管道输水灌溉工程建设应按 GB/T 20203 规定执行。

6.3.10　农田排水标准应根据农业生产实际、当地或邻近类似地区排水试验资料和实践经验、农业基础条件等综合论证确定。

6.3.11　排水工程设计应符合下列规定：

——排水应满足农田积水不超过作物最大耐淹水深和耐淹时间，由设计暴雨重现期、设计暴雨历时和排除时间确定，具体按附录 C 各建设区域要求执行。

——治渍排水工程，应根据农作物全生育期要求确定最大排渍深度，可视作物根深不同而选用 0.8m～1.3m。农田排渍标准，旱作区在作物对渍害敏感期间可采用 3d～4d 内将地下水埋深降至田面以下 0.4m～0.6m；稻作区在晒田期 3d～5d 内降至田面以下 0.4m～0.6m。

——防治土壤次生盐渍（碱）化或改良盐渍（碱）土的地区，排水要求应按 GB 50288 规定执行。地下水位控制深度应根据地下水矿化度、土壤质地及剖面构型、灌溉制度、自然降水及气候情况、农作物种植制度等综合确定。

6.3.12　田间排水应按照排涝、排渍、改良盐碱地或防治土壤盐碱化任务要求，根据涝、渍、碱的成因，结合地形、降水、土壤、水文地质条件，兼顾生物多样性保护，因地制宜选择水平或垂直排水、自流、抽排或相结合的方式，采取明沟、暗管、排水井等工程措施。在无塌坡或塌坡易于处理地区或地段，宜采用明沟排水；采用明沟降低地下水位不易达到设计控制深度，或明沟断面结构不稳定塌坡不易处理时，宜采用暗管排水；采用明沟或暗管降低地下水位不易达到设计控制深度，且含水层的水质和出水条件较好的地区可采用井排。采用明沟排水时，排水沟布置应与田间渠、路、林相协调，在平原地区一般与灌溉渠系相分离，在丘陵山区可选用灌排兼用或灌排分离的形式。排水沟可采取生态型结构，减少对生态环境的影响。

6.3.13　灌溉与排水设施以整洁实用为宜。渠道及渠系建筑物外观轮廓线顺直，表面平整；设备应布置紧凑，仪器仪表配备齐全。

6.4 田间道路工程

6.4.1 田间道路工程指为农田耕作、农业物资与农产品运输等农业生产活动所修建的交通设施。田间道路布置应适应农业现代化的需要，与田、水、林、电、路、村规划相衔接，统筹兼顾，合理确定田间道路的密度。

6.4.2 田间道路通达度指在高标准农田建设区域，田间道路直接通达的耕作田块数占耕作田块总数的比例，按附录C各建设区域要求执行。

6.4.3 田间道路工程应减少占地面积，宜与沟渠、林带结合布置，提高土地节约集约利用率。应符合宜机作业要求，设置必要的下田设施、错车点和末端掉头点。

6.4.4 田间道（机耕路）、生产路的路面宽度按附录C各建设区域要求执行。在大型机械化作业区，路面宽度可适当放宽。

6.4.5 田间道（机耕路）与田面之间高差大于0.5m或存在宽度（深度）大于0.5m的沟渠，宜结合实际合理设置下田坡道或下田管涵。

6.4.6 田间道（机耕路）路面应满足强度、稳定性和平整度的要求，宜采用泥结石、碎石等材质和车辙路（轨迹路）、砌石（块）间隔铺装等生态化结构。根据路面类型和荷载要求，推广应用生物凝结技术、透水路面等生态化设计。在暴雨冲刷严重的区域，可采用混凝土硬化路面。道路两侧可视情况设置路肩，路肩宽宜为30cm～50cm。

6.4.7 生产路路面材质应根据农业生产要求和自然经济条件确定，宜采用素土、砂石等。在暴雨集中地区，可采用石板、混凝土等。

6.5 农田防护与生态环境保护工程

6.5.1 农田防护与生态环境保护工程指为保障农田生产安全、保持和改善农田生态条件、防止自然灾害等所采取的各种措施，包括农田防护林工程、岸坡防护工程、坡面防护工程和沟道治理工程等，应进行全面规划、综合治理。

6.5.2 农田防洪标准按洪水重现期20年～10年确定。

6.5.3 农田防护面积比例指通过各类农田防护与生态环境保护工程建设，受防护的农田面积占建设区农田面积的比例，按附录C各建设区域要求执行。

6.5.4　在有大风、扬沙、沙尘暴、干热风等危害的地区，应建设农田防护林工程。

——农田防护林布设应与田块、沟渠、道路有机衔接，并与生态林、环村林等相结合。

——建设农田防护林工程应选择适宜的造林树种、造林密度及树种配置。窄林带宜采用纯林配置，宽林带宜采用多树种行间混交配置。

——农田防护林造林成活率应达到90％以上，三年后林木保存率应达到85％以上，林相整齐、结构合理。

6.5.5　岸坡防护可采用土堤、干砌石、浆砌石、石笼、混凝土、生态护岸等方式。岸坡防护工程应按 GB 51018 规定执行。

6.5.6　坡面防护应合理布置护坡、截水沟、排洪沟、小型蓄水等工程，系统拦蓄和排泄坡面径流，集蓄雨水资源，形成配套完善的坡面和沟道防护与雨水集蓄利用体系。坡面防护工程应按 GB 51018 规定执行。

6.5.7　沟道治理主要包括谷坊、沟头防护等工程，应与小型蓄水工程、防护林工程等相互配合。沟道治理工程应按 GB 51018 规定执行。

6.6　农田输配电工程

6.6.1　农田输配电工程指为泵站、机井以及信息化工程等提供电力保障所需的强电、弱电等各种设施，包括输电线路、变配电装置等。其布设应与田间道路、灌溉与排水等工程相结合，符合电力系统安装与运行相关标准，保证用电质量和安全。

6.6.2　农田输配电工程应满足农业生产用电需求，并应与当地电网建设规划相协调。

6.6.3　农田输配电线路宜采用10kV及以下电压等级，包括10kV、1kV、380V 和 220V，应设立相应标识。

6.6.4　农田输配电线路宜采用架空绝缘导线，其技术性能应符合 GB/T 14049、GB/T 12527 等规定。

6.6.5　农田输配电设备接地方式宜采用 TT 系统，对安全有特殊要求的宜采用 IT 系统。

6.6.6 应根据输送容量、供电半径选择输配电线路导线截面和输送方式，合理布设配电室，提高输配电效率。配电室设计应执行 GB 50053 有关规定，并应采取防潮、防鼠虫害等措施，保证运行安全。

6.6.7 输配电线路的线间距应在保障安全的前提下，结合运行经验确定；塔杆宜采用钢筋混凝土杆，应在塔杆上标明线路的名称、代号、塔杆号和警示标识等；塔基宜选用钢筋混凝土或混凝土基础。

6.6.8 农田输配电线路导线截面应根据用电负荷计算，并结合地区配电网发展规划确定。

6.6.9 架空输配电导线对地距离应按 DL/T 5220 规定执行。需埋地敷设的电缆，电缆上应铺设保护层，敷设深度应大于 0.7m。导线对地距离和埋地电缆敷设深度均应充分考虑机械化作业要求。

6.6.10 变配电装置应采用适合的变台、变压器、配电箱（屏）、断路器、互感器、起动器、避雷器、接地装置等相关设施。

6.6.11 变配电设施宜采用地上变台或杆上变台，应设置警示标识。变压器外壳距地面建筑物的净距离应大于 0.8m；变压器装设在杆上时，无遮拦导电部分距地面应大于 3.5m。变压器的绝缘子最低瓷裙距地面高度小于 2.5m 时，应设置固定围栏，其高度应大于 1.5m。

6.6.12 接地装置的地下部分埋深应大于 0.7m，且不应影响机械化作业。

6.6.13 根据高标准农田建设现代化、信息化的建设和管理要求，可合理布设弱电工程。弱电工程的安装运行应符合相关标准要求。

6.7 其他工程

除田块整治、灌溉与排水、田间道路、农田防护与生态环境保护、农田输配电等工程以外建设的田间监测等工程，其技术要求按相关规定执行。

7 农田地力提升工程

7.1 一般规定

7.1.1 农田地力提升工程包括土壤改良、障碍土层消除、土壤培肥等。

按照工程类型、特征及内部联系构建的工程体系分级应按附录 D 规定执行。

7.1.2 实施农田地力提升工程的高标准农田，农田地力参考值见附录 E。

7.1.3 高标准农田建成后，粮食综合生产能力参考值见附录 F。各省份可根据本行政区内高标准农田布局和生产条件差异，合理确定市县高标准农田粮食综合生产能力参考值。

7.2 土壤改良工程

7.2.1 根据土壤退化成因，可采取物理、化学、生物或工程等综合措施治理。

7.2.2 过沙或过黏的土壤应通过掺黏、掺沙、客土、增施有机肥等措施改良土壤质地。掺沙、掺黏宜就地取材。

7.2.3 酸化土壤应根据土壤酸化程度，利用石灰质物质、土壤调理剂、有机肥等进行改良，改良后土壤 pH 应达到 5.5 以上至中性。

7.2.4 盐碱土壤可采取工程排盐、施用土壤调理剂和有机肥等措施进行改良，改良后的土壤盐分含量应低于 0.3%，土壤 pH 应达到 8.5 以下至中性。

7.2.5 农田土壤风蚀沙化防治，可采取建设农田防护林、实施保护性耕作等措施。

7.2.6 土壤板结治理，可采取秸秆还田、增施腐植酸肥料、生物有机肥、种植绿肥、保护性耕作、深耕深松、施用土壤调理剂、测土配方施肥等措施，改善耕层土壤团粒结构。

7.3 障碍土层消除工程

7.3.1 障碍土层主要包括犁底层（水田除外）、白浆层、黏磐层、钙磐层（砂姜层）、铁磐层、盐磐层、潜育层、沙漏层等类型。

7.3.2 采用深耕、深松、客土等措施，消除障碍土层对作物根系生长和水气运行的限制。作业深度视障碍土层距地表深度和作物生长需要的耕层厚度确定。

7.4 土壤培肥工程

7.4.1 高标准农田建成后，应通过秸秆还田、施有机肥、种植绿肥、深耕深松等措施，保持或提高耕地地力。土壤有机质含量参考值见附录 E。

7.4.2 高标准农田建成后，应实施测土配方施肥，使养分比例适宜作物生长。测土配方施肥覆盖率应达到 95％以上。

8 管理要求

8.1 土地权属确认与地类变更

8.1.1 高标准农田建设前，应查清土地权属现状，纳入项目库的耕地不应有权属纠纷。高标准农田建设涉及土地权属调整的，要充分尊重权利人意愿，在高标准农田建成后，依法进行土地确权，办理土地变更登记手续，发放土地权利证书，及时更新地籍档案资料。

8.1.2 高标准农田建成后，应按照 GB/T 21010 和自然资源调查监测相关规定，以实际现状进行地类认定与变更，完善有关手续。

8.2 验收与建设评价

8.2.1 高标准农田建设项目竣工后，应由项目主管部门按照项目现行管理规定组织验收。相关的管理、技术等资料应及时立卷归档，档案资料应真实、完整。

8.2.2 高标准农田建设项目竣工验收后，应按照有关规定开展评价。

8.2.3 因灌溉与排水设施、田间道路、农田防护林等配套设施建设占用，造成建设区域内永久基本农田面积减少的，应予以补足或补划。

8.3 耕地质量评价监测与信息化管理

8.3.1 高标准农田建设前后，应开展耕地质量等级评定。评定应按 GB/T 33469 规定执行。建设所产生的新增耕地若用于占补平衡，需在耕地质量评定上与自然资源部门有关管理规定相衔接。

8.3.2 高标准农田耕地质量监测应按 NY/T 1119 规定执行。

8.3.3　高标准农田建设和利用全过程应采用信息化手段管理,实现集中统一、全程全面、实时动态的管理目标。

8.3.4　高标准农田建设信息应上图入库,实现信息共享。

8.3.5　高标准农田建设情况应以适当方式适时向社会发布。

8.4　建后管护

8.4.1　高标准农田建成后,应编制、更新相关图、表、册,完善数据库,设立统一标识,落实保护责任,实行特殊保护。

8.4.2　建立政府引导,行业部门监管,村级组织、受益农户、新型农业经营主体和专业管理机构、社会化服务组织等共同参与的管护机制和体系。

8.4.3　按照"谁受益、谁管护,谁使用、谁管护"的原则,落实管护主体,压实管护责任,办理移交手续,签订管护合同。管护主体应对各项工程设施进行经常性检查维护,确保长期有效稳定利用。

8.4.4　新建成的高标准农田应优先划入永久基本农田储备区。

8.5　农业科技配套与应用

8.5.1　高标准农田建设应开展绿色(新)工艺、产品、技术、装备、模式的综合集成及示范推广应用。

8.5.2　高标准农田建成后,应加强农业科技配套与应用,推广良种良法。机械化耕种收综合作业水平、优良品种覆盖率、病虫害统防统治覆盖率应超过全国平均水平。有条件的地方应推广病虫害绿色防控、保护性耕作和科学用水用肥用药技术及物联网、大数据、移动互联网、智能控制、卫星定位等信息技术。

附　录　A

（资料性）

全国高标准农田建设区域划分

全国高标准农田建设区域划分见表 A.1。

表 A.1　全国高标准农田建设区域划分表

序号	区域	范围
1	东北区	辽宁、吉林、黑龙江及内蒙古赤峰、通辽、兴安、呼伦贝尔盟（市）
2	黄淮海区	北京、天津、河北、山东、河南
3	长江中下游区	上海、江苏、安徽、江西、湖北、湖南
4	东南区	浙江、福建、广东、海南
5	西南区	广西、重庆、四川、贵州、云南
6	西北区	山西、陕西、甘肃、宁夏、新疆（含新疆生产建设兵团）及内蒙古呼和浩特、锡林郭勒、包头、乌海、鄂尔多斯、巴彦淖尔、乌兰察布、阿拉善盟（市）
7	青藏区	西藏、青海

附 录 B

(规范性)

高标准农田基础设施建设工程体系

高标准农田基础设施建设工程体系见表 B.1。

表 B.1 高标准农田基础设施建设工程体系表

一级		二级		三级		说明
编号	名称	编号	名称	编号	名称	
1	田块整治工程					
		1.1	耕作田块修筑工程			按照一定的田块设计标准所开展的土方挖填和埂坎修筑等措施
				1.1.1	条田	在地形相对较缓地区，依据灌排水方向所进行的几何形状为长方形或近似长方形的水平田块修筑工程。水田区条田可细分为格田
				1.1.2	梯田	在地面坡度相对较陡地区，依据地形和等高线所进行的阶梯状田块修筑工程。按照田面形式不同，梯田分水平梯田和坡式梯田等类型
				1.1.3	其他田块	除1.1.1条田、1.1.2梯田之外的其他田块修筑工程
		1.2	耕作层地力保持工程			为充分保护及利用原有耕地的熟化土层和建设新增耕地的宜耕土层而采取的各种措施
				1.2.1	客土回填	当项目区内有效土层厚度和耕层土壤质量不能满足作物生长、农田灌溉排水和耕作需要时，从区外运土填筑到回填部位的土方搬移活动
				1.2.2	表土保护	在田面平整之前，对原有可利用的表土层进行剥离收集，待田面平整后再将剥离表土还原铺平的一种措施
2	灌溉与排水工程					
		2.1	小型水源工程			为农业灌溉所修建的小型塘堰（坝）、蓄水池和小型集雨设施、小型泵站、农用机井等工程的总称

表 B.1 高标准农田基础设施建设工程体系表（续）

一级		二级		三级		说明
编号	名称	编号	名称	编号	名称	
				2.1.1	塘堰（坝）	用于拦截和集蓄当地地表径流的挡水建筑物、泄水建筑物及取水建筑物，包括坝（堰）体、溢洪设施、放水设施等
				2.1.2	蓄水池和小型集雨设施	蓄水池及在坡面上修建的拦蓄地表径流的小型集雨池（窖）、水柜等蓄水建筑物
				2.1.3	小型泵站	装机容量 200kW 以下的灌排泵站
				2.1.4	农用机井	在地面以下凿井、利用动力机械提取地下水的取水工程，包括大口井、管井和辐射井等
		2.2	输配水工程			修筑在地表附近用于输水至用水部位的工程
				2.2.1	明渠	在地表开挖和填筑的具有自由水流面的地上输水工程
				2.2.2	管道	在地面或地下修建的具有压力水面的输水工程
		2.3	渠系建筑物工程			在灌溉或排水渠道系统上为控制、分配、测量水流，通过天然或人工障碍，保障渠道安全运用而修建的各种建筑物的总称
				2.3.1	农桥	田间道路跨越洼地、渠道、排水沟等障碍物而修建的过载建筑物
				2.3.2	渡槽	输水工程跨越低地、排水沟或交通道路等修建的桥式输水建筑物
				2.3.3	倒虹吸管	输水工程穿过低地、排水沟或交通道路时以虹吸形式敷设于地下的压力管道式输水建筑物
				2.3.4	涵洞	田间道路跨越渠道、排水沟时埋设在填土面以下的输水建筑物
				2.3.5	水闸	修建在渠道等处控制水量和调节水位的控制建筑物。包括节制闸、进水闸、冲沙闸、退水闸、分水闸等
				2.3.6	跌水与陡坡	连接两段不同高程的渠道或排洪沟，使水流直接跌落形成阶梯式或陡槽式落差的输水建筑物

表 B.1 高标准农田基础设施建设工程体系表（续）

一级		二级		三级		说明
编号	名称	编号	名称	编号	名称	
				2.3.7	量水设施	修建在渠道或渠系建筑物上用以测算通过水量的建筑物
		2.4	田间灌溉工程			从输水工程配水到田间的工程，包括地面灌溉、喷灌、微灌、管道输水灌溉等
				2.4.1	地面灌溉	利用灌水沟、畦或格田等进行灌溉的工程措施
				2.4.2	喷灌	利用专门设备将水加压并通过喷头以喷洒方式进行灌溉的工程措施
				2.4.3	微灌	利用专门设备将水加压并以微小水量喷洒、滴入等方式进行灌溉的工程措施。包括滴灌、微喷灌、小管出流等
				2.4.4	管道输水灌溉	由水泵加压或自然落差形成有压水流，通过管道输送到田间给水装置进行灌溉的工程措施
		2.5	排水工程			将农田中过多的地表水、土壤水和地下水排除，改善土壤中水、肥、气、热关系，以利于作物生长的工程措施
				2.5.1	明沟	在地表开挖或填筑的具有自由水面的地上排水工程
				2.5.2	暗管	在地表以下修筑的地下排水工程
				2.5.3	排水井	用竖井排水的工程
				2.5.4	排水闸	控制沟道排水的水闸
				2.5.5	排涝站	排除低洼地、圩区涝水的泵站
				2.5.6	排涝闸站	为实现引排水功能，排水闸与排涝站结合的工程
3	田间道路工程					
		3.1	田间道（机耕路）			连接田块与村庄、田块之间，供农田耕作、农用物资和农产品运输通行的道路
		3.2	生产路			项目区内连接田块与田间道（机耕路）、田块之间，供小型农机行走和人员通行的道路

表 B.1　高标准农田基础设施建设工程体系表（续）

一级		二级		三级		说明
编号	名称	编号	名称	编号	名称	
		3.3	附属设施			考虑宜机作业，田间道路设置的必要的下田设施、错车点和末端掉头点
4	农田防护与生态环境保护工程					
		4.1	农田防护林工程			用于农田防风、改善农田气候条件、防止水土流失、促进作物生长和提供休憩庇荫场所的农田植树工程
				4.1.1	农田防风林	在田块周围营造的以防治风沙或台风灾害、改善农作物生长条件为主要目的的人工林
				4.1.2	梯田埂坎防护林	在梯田埂坎处营造的以防止水土流失、保护梯田埂坎安全为主要目的的人工林
				4.1.3	护路护沟护坡护岸林	在田间道路、排水沟、渠道两侧营造的以防止水土流失、保护岸坡安全、提供休憩庇荫场所为主要目的的人工林
		4.2	岸坡防护工程			为稳定农田周边岸坡和土堤的安全、保护坡面免受冲刷而采取的工程措施
				4.2.1	护地堤	为保护现有堤防免受水流、风浪侵袭和冲刷所修建的工程设施及新建的小型堤防工程
				4.2.2	生态护岸	为保护农田免受水流侵袭和冲刷，在沟道滩岸修建的植物或植物与工程相结合的设施
		4.3	坡面防护工程			为防治坡面水土流失，保护、改良和合理利用坡面水土资源而采取的工程措施
				4.3.1	护坡	为防止耕地边坡冲刷，在农田边缘铺砌、栽种防护植物等措施
				4.3.2	截水沟	在坡地上沿等高线开挖用于拦截坡面雨水径流，并将雨水径流导引到蓄水池或排除的沟槽工程
				4.3.3	小型蓄水工程	在坡面上修建的拦蓄坡面径流、集蓄雨水资源的小型蓄水工程

表 B.1　高标准农田基础设施建设工程体系表（续）

一级		二级		三级		说明
编号	名称	编号	名称	编号	名称	
				4.3.4	排洪沟	在坡面上修建的用以拦蓄、疏导坡地径流，并将雨水导入下游河道的沟槽工程
		4.4	沟道治理工程			为固定沟床、防治沟蚀、减轻山洪及泥沙危害，合理开发利用水土资源采取的工程措施
				4.4.1	谷坊	横筑于易受侵蚀的小沟道或小溪中的小型固沟、拦泥、滞洪建筑物
				4.4.2	沟头防护	为防止径流冲刷引起沟头延伸和坡面侵蚀而采取的工程措施
5	农田输配电工程					
		5.1	输电线路			通过导线将电能由某处输送到目的地的工程
		5.2	变配电装置			通过配电网路进行电能重新分配的装置
				5.2.1	变压器	电能输送过程中改变电流电压的设施
				5.2.2	配电箱（屏）	按电气接线要求将开关设备、测量仪表、保护电器和辅助设备组装在封闭或半封闭的金属柜中或屏幅上所构成的低压配电装置
				5.2.3	其他变配电装置	其他变配电的相关设施，包括断路器、互感器、起动器、避雷器、接地装置等
		5.3	弱电工程			信号线布设、弱电设施设备和系统安装工程
6	其他工程					
		6.1	田间监测工程			监测农田生产条件、土壤墒情、土壤主要理化性状、农业投入品、作物产量、农田设施维护等情况的站点

附　录　C
（规范性）

各区域高标准农田基础施工工程建设要求

各区域高标准农田基础设施工程建设建设要求见表C.1。如果部分地区的气候条件、地形地貌、障碍因素和水源条件等与相邻区域类似，建设要求可参照相邻区域。

表 C.1　各区域高标准农田基础设施工程建设要求

序号	区域	范围	建设要求				
			田块整治工程	灌溉与排水工程	田间道路工程	农田防护与生态环境保护工程	农田输配电工程
1	东北区	辽宁、吉林、黑龙江及内蒙古赤峰、通辽、兴安、呼伦贝尔盟（市）	1. 根据土壤条件和灌溉方式合理确定田面高差和田块横、纵向坡度；2. 耕层厚度：平原区旱地、水浇地≥30cm，水田≥25cm；3. 有效土层厚度：≥80cm。	1. 灌溉设计保证率：≥80%；2. 排涝：旱作区农田排水设计暴雨重现期采用10年～5年，1d～3d暴雨从作物受淹起1d～3d排至田面无积水；水稻区农田排水设计暴雨重现期宜采用10年，1d～3d暴雨3d～5d排至作物耐淹水深	1. 路宽：机耕路宜为4m～6m，生产路≤3m；2. 道路通达度：平原区100%，丘陵漫岗区≥90%	农田防护面积比例≥85%	农田输配电工程建设应按 DL/T 5118 规定执行
2	黄淮海区	北京、天津、河北、山东、河南	1. 根据土壤条件和灌溉方式合理确定田面高差和田块横、纵向坡度；2. 耕层厚度：≥25cm；3. 有效土层厚度：≥60cm	1. 灌溉设计保证率：水资源紧缺地区≥50%，其他地区≥75%；2. 排涝：旱作区农田排水设计暴雨重现期宜采用10年～5年，1d～3d暴雨从作物受淹起1d～3d排至田面无积水	1. 路宽：机耕路宜为4m～6m，生产路≤3m；2. 道路通达度：平原区100%，丘陵区≥90%	农田防护面积比例≥90%	农田输配电工程建设应按 DL/T 5118 规定执行

表 C.1 各区域高标准农田基础设施工程建设要求（续）

序号	区域	范围	建设要求				
			田块整治工程	灌溉与排水工程	田间道路工程	农田防护与生态环境保护工程	农田输配电工程
3	长江中下游区	上海、江苏、安徽、江西、湖北、湖南	1. 根据土壤条件和灌溉方式合理确定田面高差和田块横、纵向坡度； 2. 耕层厚度：≥20cm； 3. 有效土层厚度：≥60cm	1. 灌溉设计保证率：水稻区≥90%； 2. 排涝：旱作区农田排水设计雨重现期采用 10 年～5 年，1d～3d 暴雨从作物受淹起 1d～3d 排至田面无积水；水稻区农田排水设计暴雨重现期宜采用 10 年，1d～3d 暴雨 3d～5d 排至作物耐淹水深	1. 路宽：机耕路宜为 3m～6m，生产路≤3m； 2. 道路通达度：平原区 100%，丘陵区≥90%	农田防护面积比例≥80%	农田输配电工程建设应按 DL/T 5118 规定执行
4	东南区	浙江、福建、广东、海南	1. 根据土壤条件和灌溉方式合理确定田面高差和田块横、纵向坡度； 2. 耕层厚度：≥20cm； 3. 有效土层厚度：≥60cm； 4. 梯田化率≥90%	1. 灌溉设计保证率：水稻区≥85%； 2. 排涝：旱作区农田排水设计暴雨重现期宜采用 10 年～5 年，1d～3d 暴雨从作物受淹起 1d～3d 排至田面无积水；水稻区农田排水设计暴雨重现期宜采用 10 年，1d～3d 暴雨 3d～5d 排至作物耐淹水深	1. 路宽：机耕路宜为 3m～6m，生产路≤3m； 2. 道路通达度：平原区 100%，丘陵区≥90%	农田防护面积比例≥80%	农田输配电工程建设应按 DL/T 5118 规定执行

表 C.1 各区域高标准农田基础设施工程建设要求（续）

序号	区域	范围	建设要求				
			田块整治工程	灌溉与排水工程	田间道路工程	农田防护与生态环境保护工程	农田输配电工程
5	西南区	广西、重庆、四川、贵州、云南	1. 根据土壤条件和灌溉方式合理确定田面高差和田块纵、横向坡度； 2. 耕层厚度：≥20cm； 3. 有效土层厚度：≥50cm； 4. 梯田化率：≥90%	1. 灌溉设计保证率：水稻区≥80%； 2. 排涝：旱作区农田排水设计暴雨重现期宜采用10年～5年，1d～3d暴雨从作物受淹起1d～3d排至田面无积水；水稻区农田排水设计暴雨重现期宜采用10年、1d～3d暴雨3d～5d排至作物耐淹水深	1. 路宽：机耕路宜为3m～6m，生产路≤3m； 2. 道路通达度：平原区100%，山地丘陵区≥90%	农田防护面积比例≥90%	农田输配电工程建设应按 DL/T 5118 规定执行
6	西北区	山西、陕西、甘肃、宁夏、新疆（含新疆生产建设兵团）及内蒙古呼和浩特、锡林郭勒、包头、乌海、鄂尔多斯、巴彦淖尔、乌兰察布、阿拉善盟（市）	1. 根据土壤条件和灌溉方式合理确定田面高差和田块纵、横向坡度； 2. 耕层厚度：≥25cm； 3. ≥60cm；	1. 灌溉设计保证率≥50%； 2. 排涝：旱作区农田排水设计暴雨重现期宜采用10年～5年，1d～3d暴雨从作物受淹起1d～3d排至田面无积水	1. 路宽：机耕路宜为3m～6m，生产路≤3m； 2. 道路通达度：平原区100%，丘陵沟壑区≥90%	农田防护面积比例≥90%	农田输配电工程建设应按 DL/T 5118 规定执行

表 C.1　各区域高标准农田基础设施工程建设要求（续）

序号	区域	范围	建设要求				
			田块整治工程	灌溉与排水工程	田间道路工程	农田防护与生态环境保护工程	农田输配电工程
7	青藏区	西藏、青海	1. 根据土壤条件和灌溉方式合理确定田面高差和田块横、纵向坡度; 2. 耕作层厚度≥20cm; 3. 有效土层厚度：≥30cm	1. 灌溉设计保证率≥50%; 2. 排涝：旱作区农田排水设计暴雨重现期宜采用10年~5年，1d~3d暴雨从作物受淹起1d~3d排至田面无积水	1. 路宽：机耕路宜为3m~6m，生产路≤3m; 2. 道路通达度：平原区100%，山地丘陵区≥90%	农田防护面积比例≥90%	农田输配电工程建设应按DL/T 5118规定执行

附 录 D

（规范性）

高标准农田地力提升工程体系

高标准农田地力提升工程体系见表 D.1。

表 D.1　高标准农田地力提升工程体系表

一级		二级		三级		说明
编号	名称	编号	名称	编号	名称	
1	农田地力提升工程					
		1.1	土壤改良工程			采取物理、化学、生物或工程等综合措施，消除影响农作物生育或引起土壤退化的不利因素
				1.1.1	土壤质地改良	采取掺沙、掺黏、客土、增施有机肥等措施，改善土壤性状，提高土壤肥力
				1.1.2	酸化土壤改良	采取施用石灰质物质、土壤调理剂和有机肥等措施，中和土壤酸度，提高土壤 pH
				1.1.3	盐碱土壤改良	采取工程排盐、施用土壤调理剂和有机肥等措施，降低土壤盐分含量，中和土壤碱度，降低土壤 pH
				1.1.4	土壤风蚀沙化防治	采取建设农田防护林、保护性耕作等措施，防治土壤沙质化，防止土地生产力下降
				1.1.5	板结土壤治理	采取秸秆还田、增施腐植酸肥料、生物有机肥、种植绿肥、保护性耕作、深耕深松、施用土壤调理剂、测土配方施肥等措施，增加土壤有机质含量，改善土壤结构，防止土壤变硬
		1.2	障碍土层消除工程			采取深耕深松等措施，畅通作物根系生长和水气运行
				1.2.1	深耕	用机械翻土、松土、混土
				1.2.2	深松	用机械松碎土壤
		1.3	土壤培肥工程			通过秸秆还田、施有机肥、种植绿肥、深耕深松等措施，使耕地地力保持或提高

附 录 E

（资料性）

高标准农田地力参考值

高标准农田地力参考值见表 E.1。如果部分地区的气候条件、地形地貌、障碍因素和水源条件等与相邻区域类似，农田地力可参照相邻区域。

表 E.1 高标准农田地力参考值表

序号	区域	范围	农田地力提升工程			耕地质量等级
			土壤改良工程	障碍土层消除工程	土壤培肥工程（高标准农田建成 3 年后目标值）	
1	东北区	辽宁、吉林、黑龙江及内蒙古赤峰、通辽、兴安、呼伦贝尔盟（市）	—	深耕深松作业深度视障碍土层距地表深度和作物生长需要的耕层厚度确定	有机质含量：平原区宜≥30g/kg；养分比例宜作物生长	宜达到 3.5 等以上
2	黄淮海区	北京、天津、河北、山东、河南	土壤 pH 宜为 6.0～7.5，盐碱区 pH≤8.5，盐分含量≤0.3%	深耕深松作业深度视障碍土层距地表深度和作物生长需要的耕层厚度确定	有机质含量：平原区宜≥15g/kg；山地丘陵区宜≥12g/kg；养分比例宜作物生长	宜达到 4 等以上
3	长江中下游区	上海、江苏、安徽、江西、湖北、湖南	土壤 pH 宜为 5.5～7.5	深耕深松作业深度视障碍土层距地表深度和作物生长需要的耕层厚度确定	有机质含量：宜≥20g/kg；养分比例适宜作物生长	宜达到 4.5 等以上
4	东南区	浙江、福建、广东、海南	土壤 pH 宜为 5.5～7.5	深耕深松作业深度视障碍土层距地表深度和作物生长需要的耕层厚度确定	有机质含量：宜≥20g/kg；养分比例适宜作物生长	宜达到 5 等以上

表 E.1 高标准农田地力参考值表（续）

序号	区域	范围	农田地力提升工程			耕地质量等级
			土壤改良工程	障碍土层清除工程	土壤培肥工程（高标准农田建设 3 年后目标值）	
5	西南区	广西、重庆、四川、贵州、云南	土壤 pH 宜为 5.5~7.5	深耕深松作业深度视障碍土层距地表深度和作物生长需要的耕层厚度确定	有机质含量：宜≥20g/kg；养分比例宜适宜作物生长	宜达到 5 等以上
6	西北区	山西、陕西、甘肃、宁夏、新疆（含新疆生产建设兵团）及内蒙古呼和浩特、锡林郭勒、包头、乌海、鄂尔多斯、乌兰察布、阿拉善盟	土壤 pH 宜为 6.0~8.5，盐碱区≤8.5，盐分含量≤0.3%	深耕深松作业深度视障碍土层距地表深度和作物生长需要的耕层厚度确定	有机质含量：宜≥12g/kg；养分比例宜适宜作物生长	宜达到 6 等以上
7	青藏区	西藏、青海	土壤 pH 宜为 6.0~7.5	深耕深松作业深度视障碍土层距地表深度和作物生长需要的耕层厚度确定	有机质含量：宜≥12g/kg；养分比例宜适宜作物生长	宜达到 7 等以上

附　录　F

（资料性）

高标准农田粮食综合生产能力参考值

高标准农田粮食综合生产能力参考值见表F.1。

表 F.1　高标准农田粮食综合生产能力参考值表

序号	区域	范围	粮食综合生产能力/（kg/ha）		
			稻谷	小麦	玉米
1	东北区	黑龙江	7 800	3 900	7 050
		吉林	8 700	—	7 950
		辽宁	9 450	5 550	7 350
		内蒙古赤峰、通辽、兴安和呼伦贝尔盟（市）	8 700	3 450	7 800
2	黄淮海区	北京	7 050	6 000	7350
		天津	10 050	6 150	6 750
		河北	7 200	6 900	6 300
		河南	8 850	7 050	6 300
		山东	9 450	6 750	7 350
3	长江中下游区	上海	9 300	6 150	7 650
		湖南	7 350	3 750	6 150
		湖北	9 000	4 200	4 650
		江西	6 750	—	4 800
		江苏	9 600	6 000	6 600
		安徽	7 200	6 300	5 850
4	东南区	浙江	7 950	4 500	4 650
		广东	6 450	3 750	5 100
		福建	7 050	3 000	4 800
		海南	5 850	—	—
5	西南区	云南	6 900	—	5 700
		贵州	7 050	—	4 800
		四川	8 700	4 350	6 300
		重庆	8 100	3 600	6 300
		广西	6 300	—	5 100

表 F.1　高标准农田粮食综合生产能力参考值表（续）

序号	区域	范围	粮食综合生产能力/（kg/ha)		
			稻谷	小麦	玉米
6	西北区	山西	7 650	4 500	6 000
		陕西	8 400	4 500	5 400
		甘肃	7 200	4 050	6 450
		宁夏	9 150	3 450	8 100
		新疆（含新疆生产建设兵团）	9 900	6 000	8 850
		内蒙古呼和浩特、锡林郭勒、包头、乌海、鄂尔多斯、巴彦淖尔、乌兰察布、阿拉善盟（市）	8 700	3 450	7 800
7	青藏区	青海	—	4 350	7 200
		西藏	6 150（青稞）	6 450	6 600

注：参考值是按照国家统计局公布的 2017 年、2018 年和 2019 年三年的统计数据，取平均值乘以 1.1，四舍五入后得到。

参 考 文 献

[1] GB/T 15776　造林技术规程

[2] GB/T 16453.1　水土保持综合治理　技术规范　坡耕地治理技术

[3] GB/T 16453.5　水土保持综合治理　技术规范　风沙治理技术

[4] GB/T 18337.3　生态公益林建设　技术规程

[5] GB/T 24689.7　植物保护机械　农林作物病虫观测场

[6] GB/T 28407　农用地质量分等规程

[7] GB/T 30949　节水灌溉项目后评价规范

[8] GB/T 32748　渠道衬砌与防渗材料

[9] GB/T 35580　建设项目水资源论证导则

[10] GB 50054　低压配电设计规范

[11] GB 50060　3-110kV　高压配电装置设计规范

[12] GB/T 50065　交流电气装置的接地设计规范

[13] GB/T 50769　节水灌溉工程验收规范

[14] GB/T 50817　农田防护林工程设计规范

[15] DL 477　农村电网低压电气安全工作规程

[16] JTG 2111　小交通量农村公路工程技术标准

[17] JTG/T 5190　农村公路养护技术规范

[18] LY/T 1607　造林作业设计规程

[19] NY/T 309　全国耕地类型区、耕地地力等级划分

[20] NY 525　有机肥料

[21] NY/T 1120　耕地质量验收技术规范

[22] NY/T 1634　耕地地力调查与质量评价技术规程

[23] NY/T 1782　农田土壤墒情监测技术规范

[24] NY/T 2148　高标准农田建设标准

[25] NY/T 3443　石灰质改良酸化土壤技术规范

[26] SL/T 4　农田排水工程技术规范

〔27〕SL/T 246　灌溉与排水工程技术管理规程

〔28〕DB61/T 991.6—2015　土地整治高标准农田建设　第 6 部分：农田防护与生态环境保持

〔29〕国务院办公厅关于切实加强高标准农田建设　提升国家粮食安全保障能力的意见（国办发〔2019〕50 号）

〔30〕全国高标准农田建设规划（2021—2030 年）

〔31〕农田建设项目管理办法（农业农村部令 2019 年第 4 号）

〔32〕自然资源部办公厅　国家林业和草原局办公室关于生态保护红线划定中有关空间矛盾冲突处理规则的补充通知（自然资办函〔2021〕458 号）

〔33〕平原绿化工程建设技术规定（林造发〔2013〕31 号）